层析 γ 扫描技术

张全虎 周 满 黎素芬 著

国防工业出版社
·北京·

内 容 简 介

层析γ（伽马）扫描技术是核材料无损分析技术中的一种重要技术，一直是国内外核材料探测分析领域学者研究的重点和热点，在核保障、核安全以及军控核查等方面具有广泛的应用。本书是作者团队20多年来长期从事层析γ扫描技术学术、科研以及教学研究的成果结晶。作者试图从理论、模拟、实验到应用，全面系统地阐述层析γ扫描技术，对于其中的3个关键核心技术，即探测效率的刻度技术、透射图像重建技术和发射图像重建技术，进行了重点论述，在层析γ扫描实验系统方面，结合实验室研发的实验装置，介绍了系统的结构、组成、原理及实验验证。

本书主要读者为从事核材料非破坏性分析的理论工作者、实验研究工作者、相关领域的大学教师和博士研究生。

图书在版编目（CIP）数据

层析γ扫描技术 / 张全虎，周满，黎素芬著.
北京：国防工业出版社，2025.5. - - ISBN 978-7-118-13613-5

Ⅰ．TL34

中国国家版本馆 CIP 数据核字第 2025KR5952 号

※

国防工业出版社出版发行

（北京市海淀区紫竹院南路 23 号　邮政编码 100048）
天津嘉恒印务有限公司印刷
新华书店经售

*

开本 710×1000　1/16　印张 10　字数 174 千字
2025 年 5 月第 1 版第 1 次印刷　印数 1—1500 册　定价 88.00 元

（本书如有印装错误，我社负责调换）

国防书店：(010)88540777　　书店传真：(010)88540776
发行业务：(010)88540717　　发行传真：(010)88540762

前　言

第一次听说"层析γ扫描"这一名词术语的时间，可以追溯至 20 世纪 90 年代。后来我师从我国著名核物理学家钱绍钧院士，成为钱老师在中国原子能科学研究院招收的第一个博士研究生，才正式进入核保障技术研究领域。层析γ扫描技术是我博士论文的主要内容，直到现在，一直是我的一个重要研究方向。

层析γ扫描技术早期主要是由阿拉莫斯实验室科学家提出，并逐步发展而形成的，国内最先开始研究层析γ扫描技术的单位是中国原子能科学研究院放射化学研究所核保障室。层析γ扫描技术是核材料无损分析技术中γ无损分析技术的一种先进的无损分析技术，由传统的γ测量技术，发展到断层γ扫描，后来升级发展而成。中国原子能科学研究院放射化学研究所核保障室自从成立，就一直开展核保障技术的研究和开发工作，积极参加国际技术交流与合作，引进吸收国际先进的核保障技术，创新发展，引领我国核保障技术的发展和应用向前推进，研发了一系列具有国际先进水平的核保障设备，在核材料生产、后处理以及核能利用等领域发挥了重要作用。层析γ扫描技术作为核材料无损分析技术中先进的一种无损分析技术，国内是由中国原子能科学研究院放射化学研究所核保障室科研人员，在研究断层γ扫描技术的基础上率先开展深入研究的，我的博士论文的内容就是当时研究的重要进展。后来，中国工程物理研究院、上海交通大学等单位陆续开展了层析γ扫描技术的研究和开发。目前为止，越来越多的单位开展层析γ扫描技术研究，并广泛应用于核材料的衡算与控制、放射性物料的探测与分析、特殊核材料的无损测量等领域。

本书的内容安排如下：第 1 章核材料的无损分析技术，第 2 章 TGS 技术基本原理，第 3 章探测效率刻度技术，第 4 章透射图像重建技术，第 5 章发射图像重建技术，第 6 章 TGS 装置及实验研究。张全虎撰写第 1 章、第 2 章和第 4 章，周满撰写第 5 章、第 6 章，黎素芬撰写第 3 章，全书由张全虎进行统稿。

多年来，特殊核材料的无损分析技术的研究和开发，一直是作者及团队的一个主要研究方向。在层析γ扫描技术方面，课题组承担了教育部留学回国人员科研启动基金、国家自然科学基金、军内重点课题等科研项目，从层析γ扫描技术理论、透射和发射图像重建算法、计算机模拟仿真、实验系统的设计研发、实验研究和分析等方面开展了系统的研究和开发，研究成果就是本书的主要内容。非常感谢我的博士导师钱绍钧院士将我领进核保障及军控核查技术领域，并一直提携并关注着我的成长进步以及团队的发展。感谢在层析γ扫描技术研究过程中，给予我大力帮助的老师们，如顾忠茂研究员、李泽研究员、吕峰研究员、张其欣研究员、刘大鸣研究员等，感谢与我们团队紧密合作的中国原子能科学研究院放射化学研究所核保障室的科研人员，如许小明主任、柏磊研究员、何丽霞研究员等。感谢我们团队从事层析γ扫描技术研究的每一位成员，还有参与研究的研究生，如刘杰、贾小龙、林洪涛、陈晨、杨建清、王宇等，没有他们的刻苦钻研、创新研究，就没有本书的精彩内容。在层析γ扫描技术 20 多年的研究历程中，要感谢的人很多，挂一漏万，没有提及的，还请见谅。最后，感谢为本书的顺利出版付出辛勤劳动的各位专家和老师。

张全虎
2024 年 5 月于古城西安

目　录

第 1 章　核材料的无损分析技术 ·· 1
　1.1　核材料的无损分析技术 ·· 1
　1.2　层析 γ 扫描技术及研究现状 ·· 1
　　1.2.1　层析 γ 扫描技术 ·· 1
　　1.2.2　国内外研究现状 ·· 2
　　1.2.3　发展趋势 ·· 7

第 2 章　TGS 技术基本原理 ·· 9
　2.1　SGS 技术原理 ··· 9
　　2.1.1　SGS 测量过程及分析方法 ······································ 9
　　2.1.2　高纯锗探测器表征 ··· 13
　　2.1.3　SGS 准直器设计 ·· 23
　　2.1.4　无源效率刻度及优化 ·· 29
　2.2　TGS 基本测量原理 ·· 40
　2.3　TGS 关键技术分析 ·· 41
　　2.3.1　探测效率刻度技术 ··· 42
　　2.3.2　透射测量图像的准确重建 ···································· 42
　　2.3.3　发射图像的快速重建 ·· 42
　　2.3.4　连续扫描模式下图像重建的主要难题 ····················· 42

第 3 章　探测效率刻度技术 ··· 44
　3.1　探测器的探测效率 ··· 44
　　3.1.1　探测效率的影响因素 ·· 44
　　3.1.2　几种探测效率的定义 ·· 45
　3.2　TGS 测量装置效率元独立性的确定 ······························ 46
　　3.2.1　TGS 刻度模型以及扫描测量方式 ··························· 46
　　3.2.2　TGS 体素效率矩阵元与探测器扫描位置的关系 ········ 47
　　3.2.3　独立矩阵元的确定 ··· 48
　3.3　探测效率的 MC 刻度方法 ·· 52

3.3.1　MC 方法在效率刻度中的应用 ·· 52
　　　3.3.2　TGS 装置探测效率的 MC 计算 ·· 54
　　　3.3.3　MC 效率刻度的实验验证 ·· 59
　　　3.3.4　探测效率 MC 刻度的验证实验 ··· 61
　　　3.3.5　TGS 探测效率刻度的实验结果 ··· 62
　3.4　探测效率的无源刻度 ·· 66
　　　3.4.1　计算方法 ·· 67
　　　3.4.2　TGS 探测效率刻度模型 ·· 67
　　　3.4.3　实验验证 ·· 73

第 4 章　透射图像重建技术 ·· 76
　4.1　透射图像重建算法概述 ·· 76
　4.2　基于神经网络的透射图像重建技术 ·· 78
　　　4.2.1　神经网络法重建 TGS 透射图像原理 ····································· 78
　　　4.2.2　神经网络重建 TGS 透射图像的实现 ····································· 80
　　　4.2.3　神经网络重建法的讨论 ·· 84
　4.3　基于 MC 统计迭代的透射图像重建技术 ·· 84
　　　4.3.1　MC 统计迭代算法重建 TGS 透射图像原理 ··························· 84
　　　4.3.2　MC 统计迭代算法重建 TGS 透射图像的实现 ······················· 90
　　　4.3.3　仿真实验 ·· 96

第 5 章　发射图像重建算法 ·· 102
　5.1　几种迭代重建算法的介绍 ·· 102
　　　5.1.1　迭代重建算法的基本原理 ··· 103
　　　5.1.2　加型 ART 算法 ··· 104
　　　5.1.3　Richardson 迭代算法 ·· 104
　　　5.1.4　乘型 ART 算法 ··· 105
　　　5.1.5　ML-EM 迭代算法 ··· 105
　　　5.1.6　Log 熵迭代算法 ·· 107
　5.2　计算机模拟方法的建立 ·· 107
　　　5.2.1　模型的假设 ··· 107
　　　5.2.2　模型的建立 ··· 108
　　　5.2.3　径迹长度的计算 ·· 108
　5.3　数值实验结果分析 ··· 114
　　　5.3.1　样品介质和源的分布 ··· 114

5.3.2　计算结果分析 ………………………………………………… 116
第 6 章　TGS 装置及实验研究 ……………………………………… 127
　6.1　TGS 装置基本组成 ……………………………………………… 127
　6.2　TGS 实验装置 …………………………………………………… 129
　6.3　TGS 软件平台设计 ……………………………………………… 132
　6.4　实验验证算法 …………………………………………………… 141
参考文献 …………………………………………………………………… 146

第1章 核材料的无损分析技术

1.1 核材料的无损分析技术

公众对工业和政府部门使用特殊核材料（Special Nuclear Materials，SNM）的接受程度部分取决于政府是否有能力确保这些材料的使用不会造成不合理的伤害。为确保在核设施内以安全、可靠和合规的方式使用 SNM，有必要对现有的所有 SNM 进行持续控制和核算，以确认或量化 SNM 的各种特性。如果不能准确地知道在工艺中使用的 SNM 的数量和类型，或者在特定地点保存的 SNM，就不能确定某机构是否以适当、安全和可靠的方式在使用 SNM。用于可靠地确定 SNM 特性的最常用的测量技术是无损分析（Nondestructive Assay，NDA）技术。无损分析测量是在不打开核材料或不改变核材料的物理或化学状态的情况下确定核材料性质的方法。NDA 测量既可以对核材料进行简单地定性检测或鉴定，也能够对核材料的存在量进行精确定量测定。由于 NDA 测量是在不打开容器或不改变所含核材料的物理或化学状态的情况下进行的，它们不会产生放射性废物副产品，比破坏性分析（Destructive Analysis，DA）技术更快、更安全，因此，NDA 技术在核安全、核保障、材料控制与核查领域是非常重要和关键的技术之一。

NDA 技术最早起源于美国的曼哈顿工程。到 20 世纪 60 年代后期，核材料的 NDA 方法以及与之相配套的仪器设备的研制与开发已成为核安全保障以及核材料管理方面最重要的研究方向之一。经过几十年的发展与完善，NDA 技术在核安全保障以及核材料管理领域已取得了很大成功，相应的仪器设备也已日臻完善。

1.2 层析 γ 扫描技术及研究现状

1.2.1 层析 γ 扫描技术

层析 γ 扫描（Tomographic Gamma-ray Scanning，TGS）技术结合了 γ 放射

性核素分布成像和γ射线透射成像，能够快速准确地完成非均匀特殊核材料的定量分析。该技术通过γ射线透射成像，得到样品的γ射线衰减系数分布，再测量样品周围向各方向发射的特征γ射线强度，结合样品的衰减系数分布，反推样品内部源强及分布。

TGS 技术的发展始于 19 世纪 90 年代初，当时存在的 NDA 技术很难做到快速准确。研究人员提出，绝大多数 NDA 技术都是把样品当作一个整体看待，对于某些样品，平均效应造成的误差严重影响了测量准确性。若要提高测量准确性，必须把样品看作由多个小部分组合而成，估算每一个小部分内目标元素的质量。于是，他们想到了结合高分辨率γ谱仪之力和层析扫描原理，这就是 TGS 技术。经过几年的发展，TGS 技术就成为核保障和核废料测量领域最强健的 NDA 技术之一。

1.2.2 国内外研究现状

1）国外研究情况

TGS 技术最先是由分段γ扫描（Segmented Gamma Scanning，SGS）技术发展而来的。因此，可以说 SGS 是 TGS 的简单形式和雏形。

20 世纪 70 年代初，美国洛斯阿拉莫斯国立实验室（Los Alamos National Laboratory，LANL）的 J. L. Parker 等研究和开发了 SGS 测量技术。在原理上，SGS 通过对被测样品进行轴向分段扫描，即对样品的每一水平层作一次径向匀速旋转扫描测量，并用外源透射测量的方法确定其线衰减系数，然后利用线衰减系数进行被测样品发射图像的衰减校正。但是对于放射性废物桶内极不均匀的中、高密度样品，SGS 测量技术分析的准确度受到了极大限制。因此，SGS 技术存在很大的局限性，一般只能用于低密度介质（<0.5g/cm^3）或均匀分布的中密度介质样品的测量。

正是由于 SGS 技术的局限性以及核保障和核废物管理处置的需要，20 世纪 80 年代后期，许多发达国家投入了大量的人力、物力、财力，对 SGS 技术展开了探索性的改进研究。

20 世纪 90 年代，R. J. Estep 等将 CT 成像技术成功应用到 NDA 测量技术中，发展成了现今的 TGS 技术。TGS 技术与 SGS 技术相类似，都是利用探测器对外部透射源发射并穿过样品的γ射线进行透射测量，确定射线衰减系数，然后对样品所含放射性核素发射的γ射线进行发射测量，并运用线衰减系数进行衰减校正，重建发射图像。不同的是，SGS 技术仅对样品在轴向进行分层，而 TGS 还在径向进行平移和旋转扫描，从而实现了对样品的三维立体扫描。

计算机断层扫描（Computed Tomography，CT）成像最早起源于 W. C. Roentgen 发现的 X 射线。随着计算机技术的发展，CT 技术逐渐成为一门独立的新兴技术。1970 年，世界上第一台 X-CT 由英国 EMI 公司实验研究中心的 G. N. Hounsfield 研制成功，这意味着 X 射线成像进入了三维时代。目前，除了 X-CT 外，其他的形式有单光子发射计算机断层成像术（Single Photon Emission Computed Tomography，SPECT）、正电子发射计算机断层扫描（Positron Emission Tomography，PET）、微波 CT、超声 CT 等。20 世纪 90 年代，还出现了大型集装箱 X-CT 检测系统。

CT 按其探测器结构可分为以下三类：①单点源平行束，单探测器；②单源扇形束，线状阵列探测器；③单源圆锥形束，面状阵列探测器。按其测量方式可分为发射 CT（Emission Computed Tomography，ECT）和透射 CT（Transmission Computed Tomography，TCT）。

TGS 技术巧妙地将 ECT 和 TCT 技术结合起来，通过进行发射和透射的三维扫描测量，很好地解决了 γ 射线能谱测量中由于样品介质分布不均匀而引起的射线衰减校正不准确的问题，大大提高了非均匀分布样品中的放射性核素测量的准确度。

Tran Ha Anh 对 TGS 技术中金属钚结块对测量结果的影响进行了研究，认为 TGS 技术能很好地解决对结块的校正问题，校正结果的好坏依赖于体素边长的选取。T. F. Wang 运用 TGS 技术对冶金工业产生的钚熔盐物中钚和镅的含量进行研究，较准确地解决了非均匀分布样品中钚和镅的含量问题。LANL 的 R. J. Estep 和 T. H. Prettyman 等成立的研究小组，对 TGS 基本原理、透射图像重建技术、发射图像重建技术、控制软件和测量分析软件的开发以及 TGS 原型装置的搭建，进行了系统、全面的研究，为 TGS 技术的实际应用作出了巨大贡献。

1995 年，LANL 成功研制了可移动 TGS（Transportable TGS，TTGS）装置，并在罗基弗拉茨环境技术基地（Rocky Flats Environmental Technology Site，RFETS）进行了实验性测量。测量样品包括了现存样品的各种情况。放射性样品种类有低水平型、结块型、超铀元素混合型等，测量处理能力约为每小时 1 桶。同时，该装置还结合了 SGS 测量、样品称重、实时成像等技术，成为一台多功能的分析测量装置。图 1.1 是 TTGS 系统的工程图。

1998 年，美国橡树岭国家实验室（Oak Ridge National Laboratory，ORNL）运用 TGS 技术，成功测量了其他仪器无法测量的 ^{235}U 废物，取得了巨大的成功。

1999 年，LANL 和 ANTECH 公司合作开发了商业化 TGS 装置，正式用于大量核废物的测量分析。

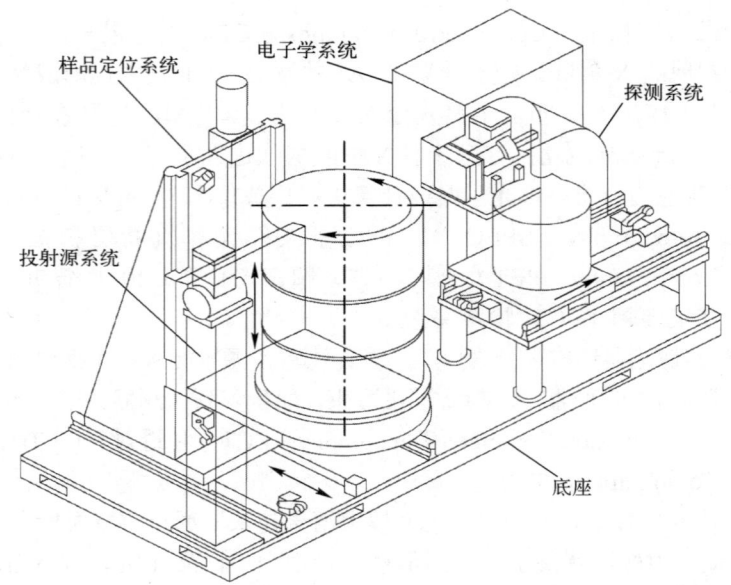

图 1.1　TTGS 系统工程图

2000 年年初，美国劳伦斯利弗莫尔国家实验室（Lawrence Livermore National Laboratory，LLNL）与废物检测技术公司（Waste Inspection Technology Company，WITCO）合作生产了车载式 TGS 装置，实现了对美国核管会所属的民用核设施产生的中、低放射性废物的车载巡回检测，基本上保证了所处置的桶装废物都有其特性数据，并满足处置的要求。图 1.2 为车载式 TGS 装置示意图。

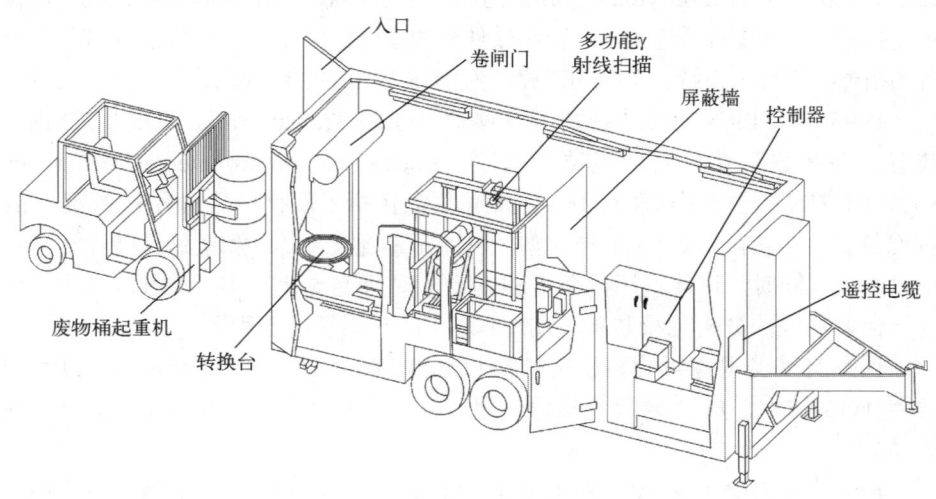

图 1.2　车载式 TGS 装置示意图

图 1.3 为新一代的 WM2900 TGS 装置。它是由美国的 Canberra 公司生产，采用相对探测效率为 60% 的 P 型同轴 HPGe 探测器，测量模式为连续扫描模式。在测量过程中，废物桶被分成为 16 层进行扫描测量，每层分为 10×10 的体素，废物桶边转动边平动，每层的扫描测量时间为 2min，共获取数据 150 次。对于一个 208L 的标准废物桶测量时间约为 1h。

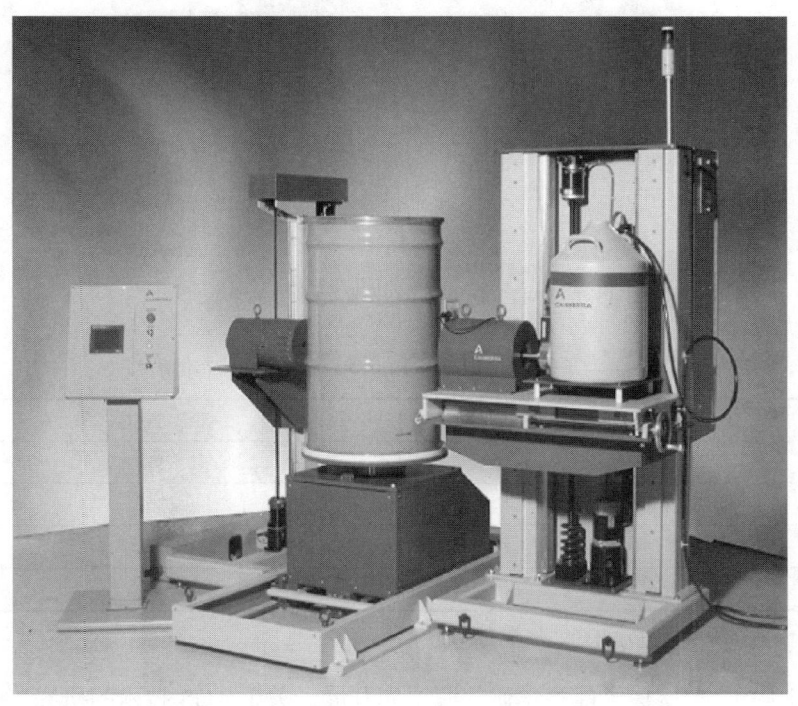

图 1.3　WM2900 型 TGS 装置图

该装置可以根据研究对象的不同，如测量样品几何尺寸、放射性强度等，自动调节探测器与测量样品之间的距离，调整加入的吸收片的厚度。图 1.4 为该装置的准直器和吸收片。在软件方面，Canberra 公司研究了多种图像重建算法，开发了专用的程序，以提高样品测量的准确度。

到目前为止，国外 TGS 技术已基本趋于成熟，已经成功研制生产出了各种类型的 TGS 装置，被广泛应用于中、高密度非均匀样品放射性核素的准确测量分析中。表 1.1 列出了美国的 TGS 技术测量 208L 桶装非均匀核废料中 ^{239}Pu、^{235}U 的准确度。

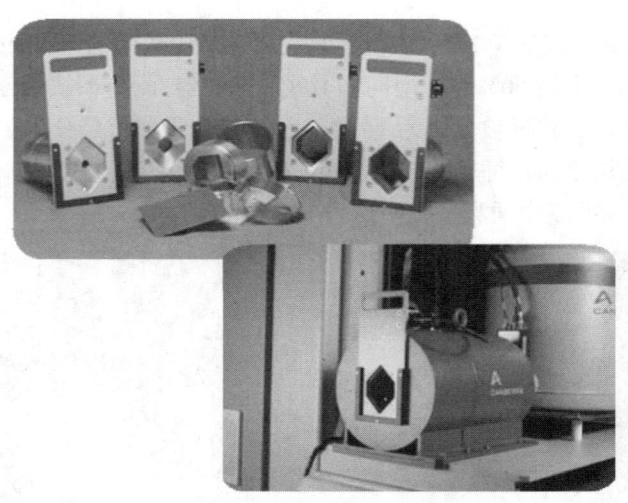

图 1.4　WM2900 型 TGS 装置的准直器和吸收片

表 1.1　不同介质中 ^{239}Pu 和 ^{235}U 的测量准确度

样品介质分布种类	测量准确度
无介质无桶	≤1%
低密度介质（可燃物）	≤3%
中密度介质（残渣）	3%～5%
高密度介质（金属，砂粒）	5%～8%

2）国内研究情况

在国内，中国原子能科学研究院率先开展了关于 TGS 技术的研究。和国外一样，最初也是由研发 SGS 技术开始的。20 世纪 90 年代，中国原子能科学研究院核保障室开始了对 SGS 技术的研究和装置开发。由于 SGS 技术存在局限性，它不能准确地分析非均匀分布的样品，中国原子能科学研究院、上海交通大学等几家科研院所开始对 TGS 技术进行系统研究，取得了较大的进展。

中国原子能科学研究院的肖雪夫从 TGS 技术的基本原理、机械结构等方面出发，进行了基础性探索，提出了 TGS 的关键技术是效率矩阵的获取、准直器的设计、射线穿过体素的等效厚度和 TGS 技术的适用性等，并采用蒙特卡罗方法，对用于 TGS 的 HPGe 探测器系统前准直器进行了研究，对比研究了多种准直器形状后发现，在正棱形水平两边填塞三角块形成的六面形准直器的准直性能最好。

张全虎对 TGS 技术中的透射图像重建算法进行了重点研究，针对粒子穿过体素的径迹长度的计算提出了平均径迹长度的概念，并建立了计算机模拟平台来验证透射图像重建算法的合理性。另外，还尝试将神经网络算法应用于透射图像重建，取得了一定的成果。同时，以 3×3×3 体素模型为例，研究了探测效率刻度的方法。周志波从连续扫描模式下透射测量数据分析方法、自发射效率矩阵元中自吸收校正因子的快速计算以及数据测量中的统计性问题 3 个方面出发，研究了 TGS 在连续扫描模式下数据分析的问题，并引入 SART 算法用于透射图像重建。

上海交通大学也对 TGS 技术进行了系统研究。其显著的特点是在划分体素时，采用了扇形划分的方式。在无介质存在的情况下，扇形划分的方式可以使发射测量中探测器探测效率矩阵中的独立矩阵元变小，从而极大地提高探测器效率刻度的运算速度。然而，在实际测量中，探测器效率矩阵都是预先计算好并以数据库形式储存起来，待发射测量数据分析时直接调用。因此，这种做法并不能对运算速度的提升带来实质性的效果，反而会因为体素划分大小不一对数据分析带来较大的分析误差。

从总体上看，近年来，我国对 TGS 技术的研究取得了一定的进展，但是与国外发展水平相比，仍然有明显的差距。尤其是对连续扫描模式下图像重建方法的研究更是少之又少。

1.2.3　发展趋势

经过 20 多年的发展，TGS 技术已经取得了巨大的进步。国外已有少数研究机构成功地将 TGS 技术运用于工程应用中。相比之下，国内关于 TGS 技术的研究仍然处于理论研究和实验研究阶段。目前，国际上关于 TGS 技术主要有以下几个发展方向。

（1）改进扫描模式。在 TGS 技术发展的最初阶段，改进探测方法以提高数据分析精度是 TGS 技术的重点研究方向，这也是 SGS 技术向 TGS 技术过渡的最重要的原因。但是随着 TGS 技术的日臻完善以及其在核安全保障以及核材料管理等领域日益深入的应用，探测精度与探测速度之间的性价比已经成为制约 TGS 技术进一步发展的关键因素。目前，国外已经在改进扫描模式方面取得了一定进展，已成功将传统的步进间断扫描改进成了连续不间断扫描，大幅度缩短了测量时间。在国内，中国原子能科学研究院已经率先开始了相关方面的研究。

（2）改进图像重建算法。如何能够快速、准确地重建透射以及发射图像，一直是 TGS 技术发展的重要方向。图像重建算法一般包括变换重建算法和迭代重建算法。变换重建算法具有良好的局部性质，主要用于局部重建，但对噪声比较敏感，通常重建图像伪影较重；迭代重建算法方法简单，适用于不同方式的采样数据，对不完全数据也可以重建，但是它计算量很大，收敛速度慢，重建大的图像比较困难。随着计算机运算速度的迅速提高，迭代重建算法逐渐受到人们的青睐，在图像重建领域中的应用越来越广泛。近年来，已经有不少研究人员尝试将迭代重建算法引入 TGS 图像重建中，取得了不少成果。

（3）多功能、小型化和移动化系统的开发。为了更好地将 TGS 技术应用于工程实际，如何将 TGS 系统与其他 NDA 技术相结合，研制一套多功能、小型化、可移动化系统以应对更加复杂的测量环境，扩大应用前景，已成为 TGS 技术的又一研究重点。例如，美国现已将原先的 SGS 装置与 TGS 装置成功地结合在一起，并已研制出了车载式 TGS 装置。欧洲仪器公司还把测量废物桶外剂量的功能与 TGS 装置结合在一起。

第 2 章　TGS 技术基本原理

层析 γ 扫描（Tomographic Gamma Scanning，TGS）是比较先进的无损分析方法之一，它专用于准确定量测量密闭容器内中、高密度非均匀分布介质中放射性核素的种类及其含量，是核材料衡算和核废物处理中的主要测量分析方法，是 CT 技术在 γ 放射性能谱测量分析中的发展和应用。

2.1　SGS 技术原理

SGS 技术，分段 γ 扫描（Segmented Gamma Scanning，SGS），是从常规 γ 能谱测量方法中发展而来的，是一种对中、低密度的放射性废物进行快速检测的 γ 射线无损分析技术。SGS 技术能够对密闭容器中核素种类进行识别、放射性物质定量分析以及获取核素层间分布信息。SGS 技术对待测样品在轴向上等高分层，径向上匀速连续旋转，逐层进行检测。通过旋转的方法，可以使样品中的介质密度层内均匀化，而且使得探测器从样品核素中获取到的放射性射线也相对均匀化。这种测量方式下，非均匀的样品变成了"层内均匀化"，很大程度上解决了介质和放射性物质的非均匀校正问题，这也是 SGS 技术的基本假设条件。

2.1.1　SGS 测量过程及分析方法

1）SGS 测量过程

SGS 技术在测量过程中分为透射测量和发射测量，透射测量中根据特定能量的射线穿过样品的透射率对介质密度分布进行重建，从而完成介质吸收衰减修正。发射测量可以对核素进行识别，结合两次测量结果完成样品中所含核素活度的计算，并告知放射性同位素的层分布信息。

一般的 SGS 系统装置主要由透射源组件、旋转测量平台、HPGe 探测系统、控制与分析系统、输运辊道等部分组成。测量流程如图 2.1 所示，各部分具体组成如下：

（1）透射源组件主要由透射源、放射源屏蔽体、前准直器、自控透射源门等构成。在透射测量时，透射源门开启，透射源产生高强度的γ射线束，透过前准直器对被测样品进行透射测量。

（2）旋转测量平台由测量托盘、支架、导轨、旋转电机等构成。测量平台主要是实现样品测量过程中的旋转、升降等扫描工作。

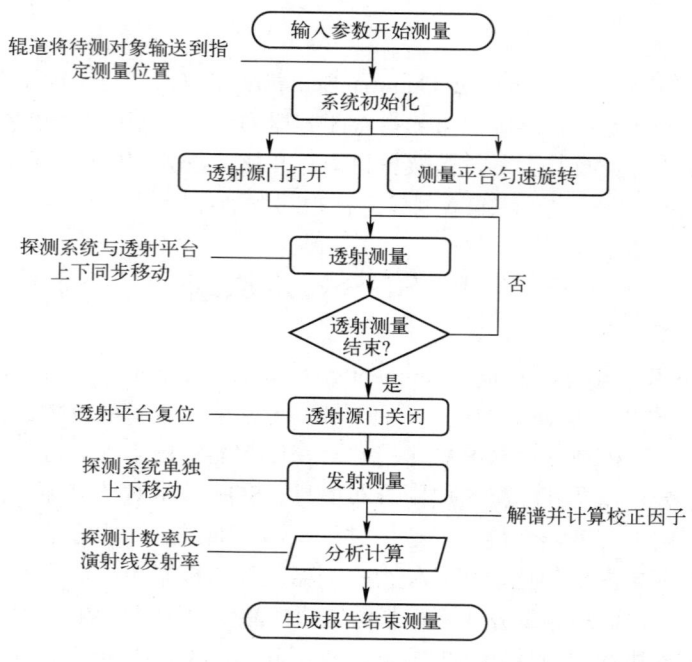

图 2.1 SGS 测量流程示意图

（3）HPGe 探测系统主要由准直器、探头屏蔽体、HPGe 探测器、吸收片、谱仪、制冷设备等构成。HPGe 探测系统主要记录进入 Ge 晶体的光子数，并将其转换为电信号，完成数据的获取并传输给分析计算软件。准直器与探头屏蔽体主要限制探测器的探测范围。吸收片对高强度射线具有阻止作用，一旦探测器死时间过大，可以通过添加吸收片的方式解决。

（4）控制与分析系统通过计算机软件的形式，实现装置的正常运行和数据的分析处理。控制部分主要完成旋转平台的定位控制、系统测量的逻辑控制、时序控制和各部分的协调。分析部分主要完成数据的获取和计算并最终产生分析结果报告。图 2.2 展示了 SGS 装置的测量原理及各部分构成。

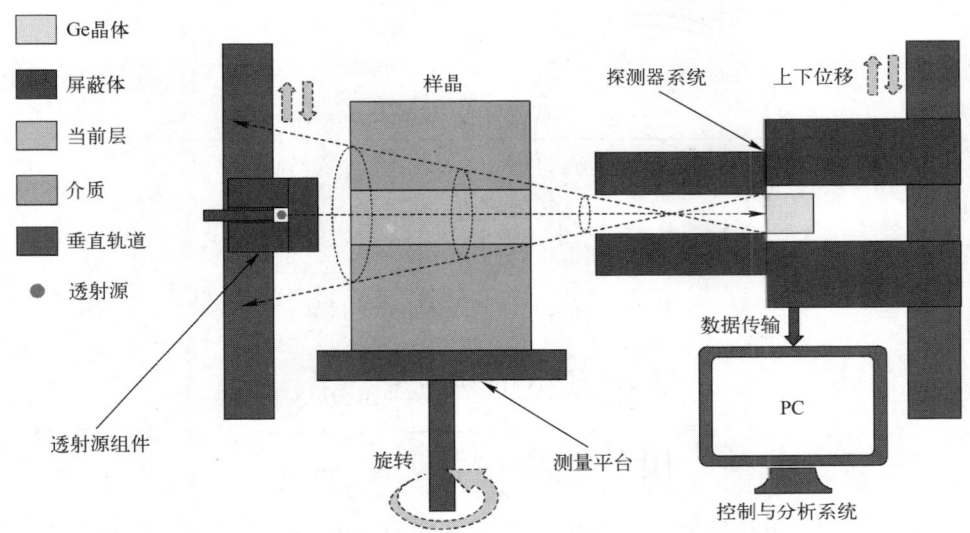

图 2.2 SGS 测量原理及系统组成示意图

2）SGS 分析方法

根据 SGS 技术每层内介质和放射性物质均匀分布的基本假说，在计算中每层介质将采用同一个线性衰减系数 μ。测量中，由于特征射线经过了介质自身的吸收，必须对探测器获得的全能峰计数进行吸收校正并通过探测效率 η 和探测器的计数率 C 换算出样品的活度。计算公式如下：

$$A = \sum_{i}^{n} \left[\frac{C(N_i)}{B_r \cdot \eta(N_i) \cdot K(N_i)} \right] \quad (2\text{-}1\text{-}1)$$

式中：A 为核素的活度，单位为 Bq；$C(N_i)$ 为该种核素在第 i 层的计数率，单位为 cps；$K(N_i)$ 为该核素在第 i 层的自吸收效应校正因子；B_r 为该核素的特征射线的分支比；$\eta(N_i)$ 为该核素在第 i 层探测器对 γ 射线的绝对探测效率；n 为分层数。

对应的核素的质量 m（单位为 g）可通过下式计算得到，即

$$m = \sum_{i}^{n} \left[\frac{C(N_i)}{B_r \cdot \eta(N_i) \cdot K(N_i)} \right] \cdot \left(\frac{T_{1/2}}{\ln 2} \cdot \frac{M}{N_A} \right) \quad (2\text{-}1\text{-}2)$$

式中：$T_{1/2}$ 为核素的半衰期，单位为 s；M 为核素的原子质量。

样品自吸收效应校正因子需要采用近立体角模型进行计算求得（近立体角模型如图 2.3 所示），即

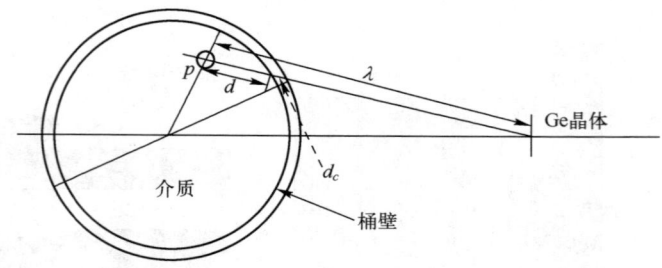

图 2.3 校正因子近立体角计算模型

$$K=\frac{\iiint \frac{f(\overline{p})\exp(-\mu_{Lc}d_c)}{\lambda^2}r\mathrm{d}r\mathrm{d}\theta\mathrm{d}z}{\iiint \frac{f(\overline{p})\exp(-\mu_{Lc}d_c-\mu_L d)}{\lambda^2}r\mathrm{d}r\mathrm{d}\theta\mathrm{d}z} \quad (2-1-3)$$

式中：$f(\overline{p})$ 为 p 点的放射性活度；λ 为源探距离；d_c 为 p 点与探头连线上经过样品桶桶壁的距离；d 为 p 点与探测器连线上经过介质的距离；μ_L 为介质的线衰减系数；μ_{Lc} 为桶壁材料的线衰减系数。可以通过下列公式求得，即

$$\begin{cases}\mu_L=\dfrac{-\ln(T)}{D}\\ \mu_{Lc}=\dfrac{-\ln(T_c)}{D_c}\end{cases} \quad (2-1-4)$$

式中：D 为介质的直径；D_c 为放射性废物桶桶壁厚度；T 为特定能量射线穿过介质直径的透射率；T_c 为特定能量射线穿过桶壁厚度的透射率。

结合以上两公式可以看出，对于一个特定的测量对象，吸收因子 K 可以表示为介质透射率 T 的函数。可以通过其函数性质拟合得到经验公式，以供数据处理时调用。一般的经验函数关系式如下所示：

$$K=A+B\ln(T)+C\ln^2(T) \quad (2-1-5)$$

透射率又可以通过有无测量对象存在时的探测计数得到：

$$T=\frac{I}{I_0}\exp(-\ln 2\Delta t/T_{1/2}) \quad (2-1-6)$$

式中：I 和 I_0 分别为有测量对象存在与没有测量对象存在时透射源开束探测得到透射源特征γ射线的全能峰计数率；Δt 为有测量对象存在时探测起始与没有测量对象存在时探测起始之间的时间差；$T_{1/2}$ 为透射源的半衰期。

上述的透射率是透射源特征能量下的，不同能量射线对同一测量对象的透射率是不同的。因此，为了得到测量对象中所含核素特征射线下的透射率，一般的做法是通过透射源的多个能量对透射率进行拟合。拟合关系式如下：

$$T(E) = a + bE + cE^2 \tag{2-1-7}$$

对于 ^{235}U、^{233}U、^{239}Pu 等核材料的透射率拟合，大部分所关注的能量都集中在低能部分，一般采用 ^{75}Se 作为透射源。对于一般的放射性废物的测量，^{152}Eu 具有较为宽广的能量分布，常作为透射源的首选。

以上内容主要对经典 SGS 分析方法的实现过程进行了分析，该种计算方法在实现过程中需要经过多次的拟合计算，带来了较多的系统误差，已经不能适用于目前的工业测量要求，需要更佳的计算方法进行替代，基于无源刻度方法的分段 γ 扫描技术就是一种较好的解决方案。

2.1.2　高纯锗探测器表征

探测器的探测效率是计算射线强度的重要物理量，实际测量中，由于放射源的形式、空间位置、环境本底等测量条件经常发生变化，用标准样品获取不同测量条件下探测器的探测效率耗费财力和时间。特别是对于像 200L 标准放射性废物桶这种大型的测量对象来说，制备满足条件的标准样品难度较大。无源刻度技术可以通过蒙特卡罗（MC）方法计算得到不同条件下的探测效率，具有安全、简便、准确度高、市场成本低、适用范围广的特点。在建立蒙特卡罗计算模型时，必须知道探测器内部的材料组成、结构参数等的准确信息。探测器生产厂家因为工艺上的问题往往只能给出探测器内部结构的大概参数，加之每个探测器生产过程中的微小差异且在使用过程中的死层变化等，满足不了 MC 建模的要求。利用厂家给出的参数建模计算的结构往往和实际的探测效率有差距，所以必须对探测器内部结构进行表征。

1）表征原理

探测器表征，就是对一个确定的探测器建立一个个性化的计算模型。在蒙特卡罗模拟计算中，计算结果与实际数据之间的偏差直接依赖于对计算对象描述的准确程度。考虑到实际情况，探测器表征就是要将那些对于模拟计算结果影响显著的参数尽量准确地赋予计算模型。

高纯锗探测器能量分辨率高、体积小、时间响应快且射线探测范围广（几 keV 到 10MeV），十分适合 γ 射线的能量及强度的测量。分段 γ 扫描技术一般采用 HPGe 探头进行放射性活度的检测。正常工作状态下的 HPGe 探测器都是被封装的，无法通过测量得到其内部参数，而且长期使用会导致一些参数发生变化，如晶体的死层厚度等。在建立探测器计算模型时，通常需要简化模型，忽略掉那些对计算模型的准确性影响并不显著的参数，如后端的电子学线路部分。显著性参数的改变会显著地改变计算值与测量值之间的偏差，是我们进行表征工作的重点。

HPGe 探测器内部结构较为复杂（图 2.4），晶体直径、死层厚度、冷指尺寸、晶体-窗口距离、外壳厚度等参数都有可能对模拟计算结果产生显著影响。所有这些参数都需要通过探测器表征工作予以确定，通过表征结果建立可靠的探测器计算模型。

最为简单的探测器系统是由没有屏蔽体及准直体的裸探测器与已知活度的标准点源构成。由于没有屏蔽介质的存在，可以从探测器测量得到的特征能量全能峰计数率和点源的当前活度，推出在确定源探距条件下，特征能量单光子的全能峰探测效率。这直接对应于蒙特卡罗模拟计算得到的特征能量单光子的光电效应发生概率（称为光电峰概率）。探测器内部参数是相对固定的，当改变计算模型中参数的数值时，计算得到的光电峰概率就会随之发生变化。通过实验测量的数据调整计算模型中参数的数值，使得计算得到光电峰概率趋近于测量得到的全能峰探测效率，这就是表征的原理。

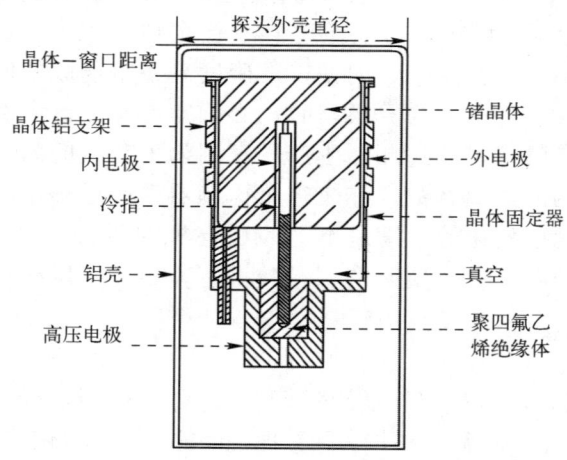

图 2.4 HPGe 探测器内部结构图

表征实验先通过使用标准点源和 HPGe 谱仪获得探测器的实验探测效率 ε_{exp}，再使用 MCNP 模拟计算获得探测器的模拟探测效率 ε_{sim}，通过调节 MC 模型的各项参数，最后使二者的相对偏差达到 5%以内（5%的偏差来源于测量条件及计算的统计误差），即相对偏差： $-5\% \leqslant \dfrac{(\varepsilon_{\text{sim}} - \varepsilon_{\text{exp}}) \times 100}{\varepsilon_{\text{exp}}} \leqslant 5\%$ （2-1-8）

参数的修改达到式（2-1-8）的要求，这时就认为此时模拟状态下的各项参数为探测器内部结构的真实值。

2）模型的建立

在开展表征之前需要分别完成实验测量模型和 MC 计算模型的构建。以助于后期两者数据的获取和工作的开展。

（1）标准点源测量模型及工具。探测效率的值随着能量和空间位置的改变而变化，并且不同的参数对低能和高能射线的敏感度也不同，一般情况下，低能射线主要受到 Ge 晶体前部死层影响，中能射线主要受 Ge 晶体的半径和深度影响，高能射线主要受冷孔尺寸影响。根据需求挑选 4 种标准点源作为实验对象，满足射线范围从低能至高能的要求，标准点源相关情况如表 2.1 所列。

表 2.1 标准点源的相关信息

标准源	标称活度/Bq	标定日期	半衰期/年	能量/keV	分支比/%
^{241}Am	8.55×10^5	2015.11.23	432.18	59	35.78
^{133}Ba	3.23×10^4	2006.12.5	10.54	356.01	62.05
^{137}Cs	4.78×10^5	2013.7.15	30.09	661.62	84.99
^{60}Co	2.61×10^5	2015.11.23	5.27	1173.23	99.85
				1332.51	99.98

为了确定探测器内部结构各个参数的准确数值，在标准点源探测效率测量实验中，使用从低能到高能不同能量的 γ 射线，分别在探测器中心点轴向的不同距离处进行测量。在本次实验中我们选择了 ^{241}Am、^{133}Ba、^{137}Cs、^{60}Co 4 种标准点源，分别将每个标准点源定位在探测器轴向上，距离探测器前表面 20cm、30cm、40cm、50cm（等间隔距离）的位置处测量计算各种能量下探测器的探测效率（图 2.5）。

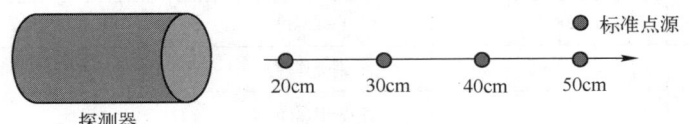

图 2.5 测量模型示意图

每次测量得到的对应能峰的计数率 n,结合标准点源的标称活度 A 和该能量射线的分支比 λ,便可算出探测器在该能量处的探测效率,即

$$\varepsilon_{\exp} = \frac{n}{A \times \lambda} \quad (2\text{-}1\text{-}9)$$

标准点源的测量实验中需要精确且保持稳定的源探距,必须用专门的装置进行准确的定位,测量中使用了图 2.6 所示的专为表征 HPGe 探测器而设计制造的定位测量支架,该支架在 3 个空间方向上都配备精确的刻度尺,为点源的空间定位提供了帮助。

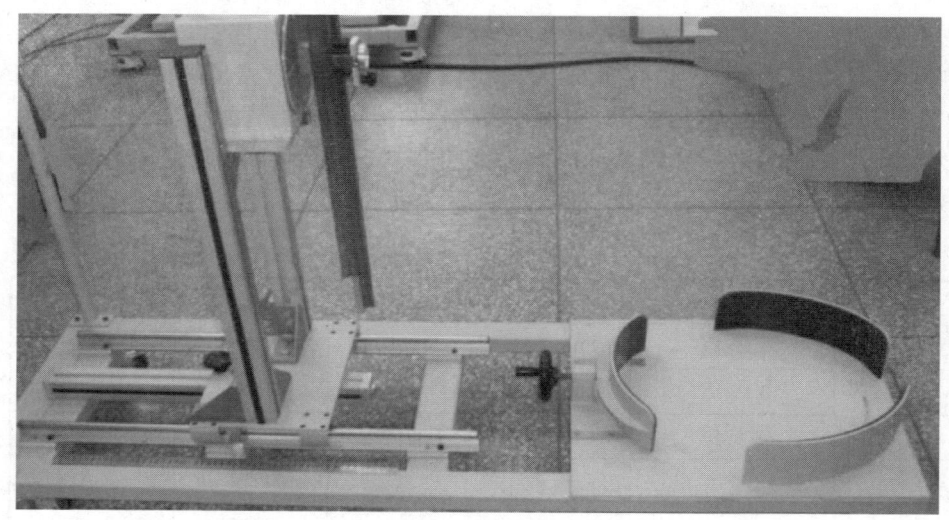

图 2.6 探测器表征专用定位测量支架

(2)MC 计算模型的建立。本文中表征的探测器对象为堪培拉公司生产的 P 型同轴高纯锗探测器。在初次建立 MC 模型时,基本参数采用厂家提供的数据。具体数值如表 2.2 所列。

表 2.2 HPGe 探测器原始参数　　　　　　(单位:mm)

顶部外死层厚度	0.44	冷孔直径	7.5
内死层厚度	3×10^{-4}	冷孔深度	35
侧部外死层厚度	0.44	铝壳厚度	1.5
晶体直径	64.9	晶体-铝窗距离	3.5
晶体长度	65.0		

根据以上的原始尺寸和厂家给出的材料组成,利用 MCNPX(Monte Carlo N Particle Transport Code)模拟软件对探测器内部结构进行了建模。图 2.7 为建立完成的模型结构示意图,部分进行了放大标注,指明了需要确定的各项参数。探测器的尺寸、晶体大小、铝窗厚度等为宏观尺寸,认为厂家给出的是准确的,在后续的参数调整中就不再改动。

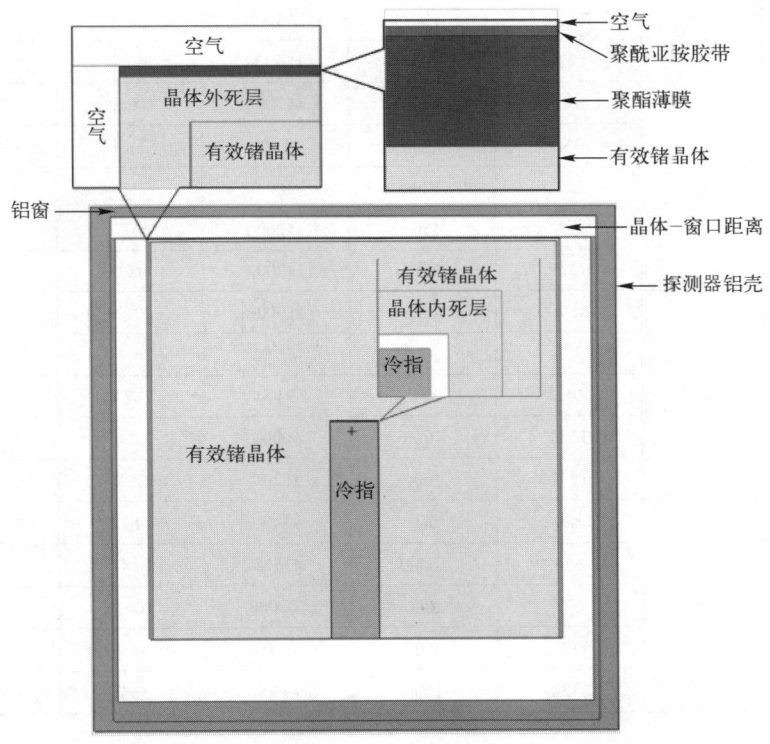

图 2.7 HPGe 探测器 MC 模型内部结构示意图

3)表征过程

(1)标准源测量实验。标准点源的测量实验按照 2.1.2 节中构造的测量模型展开。实际测量中按照图 2.8 的实验连接流程展开,计算机端完成 Genie 2000 测量软件的参数设置及能量刻度,依次使用标准点源在不同源探距上展开测量,结果如表 2.3 所列。

表 2.3 标准点源测量结果

点源	距离/cm	能量/keV	时间/s	计数	计数率/cps	探测效率
^{241}Am	20	59	300	244000	813.3	2.66×10^{-3}
^{133}Ba		356	4000	93700	23.4	2.47×10^{-3}
^{137}Cs		661	1000	565000	565.0	1.55×10^{-3}
^{60}Co		1173	1000	204000	204.0	1.07×10^{-3}
		1332	1000	186000	186.0	9.75×10^{-4}
^{241}Am	30	59	1200	457000	380.8	1.25×10^{-3}
^{133}Ba		356	6000	68600	11.4	1.21×10^{-3}
^{137}Cs		661	1200	330000	275.0	7.54×10^{-4}
^{60}Co		1173	1500	152000	101.3	5.31×10^{-4}
		1332	1500	138000	92.0	4.82×10^{-4}
^{241}Am	40	59	500	110000	220.0	7.19×10^{-4}
^{133}Ba		356	6000	40200	6.7	7.07×10^{-4}
^{137}Cs		661	2000	324000	162.0	4.44×10^{-4}
^{60}Co		1173	1000	60000	60.0	3.15×10^{-4}
		1332	1000	55200	55.2	2.89×10^{-4}
^{241}Am	50	59	600	84400	140.7	4.60×10^{-4}
^{133}Ba		356	10000	43500	4.4	4.59×10^{-4}
^{137}Cs		661	1000	106000	106.0	2.91×10^{-4}
^{60}Co		1173	2500	98500	39.4	2.06×10^{-4}
		1332	2500	90400	36.2	1.89×10^{-4}

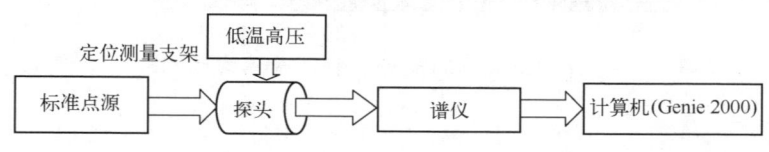

图 2.8 标准点源测量连接流程

（2）模拟计算结果。运用 MC 方法，采用 MCNPX 模拟程序，依据厂家参数构建探测器 MC 计算模型，并按照实验过程分别模拟点源位置和能量。建模时，使用 E8 能量沉积卡对光子的输运过程进行抽样计算，抽样光子数设置为 10^7 个，其他数据都保持与实验相同。模拟计算结果与实验结果的对比如表 2.4 所列。

表 2.4 使用厂家提供参数建立模拟计算探测效率与实验探测效率对比

距离/cm	能量/keV	模拟探测效率	实验探测效率	相对偏差
20	59	3.35×10^{-3}	2.66×10^{-3}	25.94%
	356	2.69×10^{-3}	2.47×10^{-3}	8.88%
	661	1.71×10^{-3}	1.55×10^{-3}	10.37%
	1173	1.15×10^{-3}	1.07×10^{-3}	7.54%
	1332	1.05×10^{-3}	9.75×10^{-4}	7.70%
30	59	1.54×10^{-3}	1.25×10^{-3}	23.65%
	356	1.29×10^{-3}	1.21×10^{-3}	6.98%
	661	8.23×10^{-4}	7.54×10^{-4}	9.14%
	1173	5.56×10^{-4}	5.31×10^{-4}	4.67%
	1332	5.10×10^{-4}	4.82×10^{-4}	5.76%
40	59	8.81×10^{-4}	7.19×10^{-4}	22.45%
	356	7.54×10^{-4}	7.07×10^{-4}	6.69%
	661	4.83×10^{-4}	4.44×10^{-4}	8.72%
	1173	3.27×10^{-4}	3.15×10^{-4}	3.93%
	1332	3.00×10^{-4}	2.89×10^{-4}	3.65%
50	59	5.64×10^{-4}	4.60×10^{-4}	22.60%
	356	4.90×10^{-4}	4.59×10^{-4}	6.83%
	661	3.14×10^{-4}	2.91×10^{-4}	8.03%
	1173	2.14×10^{-4}	2.06×10^{-4}	3.65%
	1332	1.96×10^{-4}	1.89×10^{-4}	3.45%

（3）内部结构参数的确定。通过对前一节数据对比可发现，除 59keV 以外，其他能量的模拟结果与实验测量结果的相对偏差都在 10%以内，59keV 的偏差大是因为低能 γ 射线不能穿透探头晶体的顶部外死层所致，低能射线对于外死层厚度的改变及其敏感。中能、高能射线的探测效率在相应程度的死层变化下几乎不受影响。图 2.9 所示为晶体顶部外死层厚度改变下各个能量射线探测效率相对偏差变化曲线图。

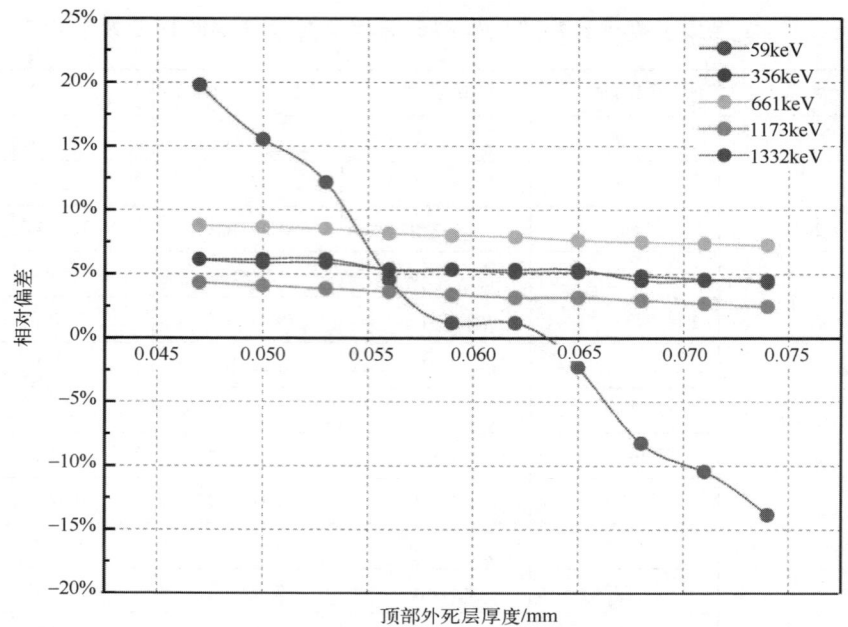

图 2.9 顶部外死层厚度-相对偏差曲线

通过图 2.9 可以看出，应适当增加顶部外死层厚度来使模拟结果与实验结果相匹配，之后再适当增加侧部外死层厚度，以使其他能量模拟-实验效率的相对偏差降至±5%以内，调整后最终的 HPGe 探测器的尺寸参数如表 2.5 所列。

表 2.5 表征后的探头参数　　　　　　　　　　（单位：mm）

顶部外死层厚度	0.60	冷孔直径	7.5
内死层厚度	$3×10^{-4}$	冷孔深度	35
侧部外死层厚度	1.30	铝壳厚度	1.5
晶体直径	64.9	晶体-铝窗距离	3.5
晶体长度	65.0		

使用确定后的参数进行建模计算得出的探测效率与实验探测效率偏差再次进行了对比，结果如表 2.6 所列。

表 2.6 调整参数后探测效率对比

距离/cm	能量/keV	模拟探测效率	实验探测效率	相对偏差
20	59	2.64×10^{-3}	2.66×10^{-3}	-0.75%
	356	2.49×10^{-3}	2.47×10^{-3}	0.79%
	661	1.58×10^{-3}	1.55×10^{-3}	1.98%
	1173	1.05×10^{-3}	1.07×10^{-3}	-1.81%
	1332	9.63×10^{-4}	9.75×10^{-4}	-1.22%
30	59	1.22×10^{-3}	1.25×10^{-3}	-2.05%
	356	1.19×10^{-3}	1.21×10^{-3}	-1.31%
	661	7.64×10^{-4}	7.54×10^{-4}	1.31%
	1173	5.12×10^{-4}	5.31×10^{-4}	-3.61%
	1332	4.71×10^{-4}	4.82×10^{-4}	-2.32%
40	59	6.96×10^{-4}	7.19×10^{-4}	-3.26%
	356	7.01×10^{-4}	7.07×10^{-4}	-0.81%
	661	4.52×10^{-4}	4.44×10^{-4}	1.74%
	1173	3.04×10^{-4}	3.15×10^{-4}	-3.38%
	1332	2.79×10^{-4}	2.89×10^{-4}	-3.60%
50	59	4.47×10^{-4}	4.60×10^{-4}	-2.83%
	356	4.59×10^{-4}	4.59×10^{-4}	0.07%
	661	2.95×10^{-4}	2.91×10^{-4}	1.50%
	1173	2.01×10^{-4}	2.06×10^{-4}	-2.65%
	1332	1.83×10^{-4}	1.89×10^{-4}	-3.41%

从数据可以看出，每个距离及每个能量下的模拟值与实验值吻合得比较好，到达了±5%以内，可以认为，此时的参数为目前探测器内部结构参数的真实值。

4）实验验证

以上探测器的表征工作是基于模拟和实验两者同时符合的状况下完成的，可信度较高，但只在探测器的轴向上进行了实验和模拟的符合，对于复杂的空间几何结构，还需考虑非轴向的探测效率是否吻合实际，为此，展开了表征工作的验证试验。

以探测器轴向作为 X 轴，左右方向为 Y 轴、上下方向为 Z 轴，建立直角空间坐标系，如图 2.10 所示。将 ^{60}Co、^{137}Cs 放射源放于非轴向位置上进行了实验测量，标准放射源的活度信息在表 2.7 中列出。使用上述表征的结果在相应的空间位置定义点源进行 MC 模型计算，最终的实验与模拟结果如表 2.8 所列。

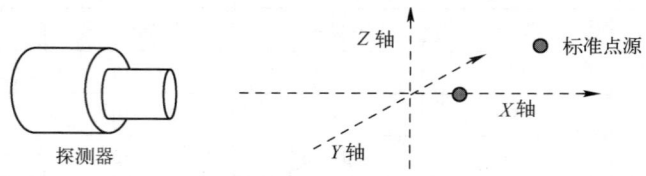

图 2.10　验证实验示意图

表 2.7　标准放射源信息

放射源	标称活度/Bq	标定日期	半衰期/年
^{60}Co	2.61×10^5	2015.11.23	5.27
^{137}Cs	4.78×10^5	2013.7.15	30.07

表 2.8　表征验证实验结果

X轴/cm	Y轴/cm	Z轴/cm	能量/keV	实验结果	计算结果	相对偏差
68.5	7	0	661	1.35×10^{-4}	1.33×10^{-4}	1.50%
			1173	1.04×10^{-4}	9.96×10^{-5}	4.42%
			1332	9.73×10^{-5}	9.83×10^{-5}	-1.02%
	21	0	661	1.19×10^{-4}	1.17×10^{-4}	1.71%
			1173	8.53×10^{-5}	8.33×10^{-5}	2.40%
			1332	7.94×10^{-5}	7.53×10^{-5}	5.44%
57.2	0	0	661	1.92×10^{-4}	1.87×10^{-4}	2.67%
			1173	1.24×10^{-4}	1.20×10^{-4}	3.33%
			1332	1.02×10^{-4}	1.03×10^{-4}	-0.97%
	0	3.5	661	1.63×10^{-4}	1.69×10^{-4}	-3.55%
			1173	1.13×10^{-4}	1.16×10^{-4}	-2.59%
			1332	1.05×10^{-4}	1.07×10^{-4}	-1.87%
		7	661	4.30×10^{-5}	3.87×10^{-5}	11.11%
			1173	3.44×10^{-5}	3.24×10^{-5}	6.17%
			1332	3.52×10^{-5}	3.28×10^{-5}	7.32%

以上数据表明，不同能量射线在绝大部分空间点模拟的探测效率与实际探测效率基本一致，相对偏差在±8%以内，个别位置的相对偏差达到11.11%，后期通过误差分析发现：在一定范围内探测效率随距离改变所引起

的变化较小，一旦超过了该范围（探测器的正常测量视野范围），即使 1mm 的位置变动也会导致探测效率发生较大改变，实验中人为定位不准是难以克服的，故认为部分结果相对偏差较大是由于人为因素导致，该实验证明，表征的结果是准确的。

2.1.3 SGS 准直器设计

SGS 准直器的设计就是为桶内基体 γ 射线分层而考虑的，保证测量过程中与探测器晶体接触的 γ 射线只来自于基体的"当前层"，保证来自当前层的 γ 射线尽最大可能被探测到，同等时间内获得最准确的计数率从而减小计算误差。但在实际应用中，一般的准直器结构难以达到以上要求，许多研究就准直器开口宽度与准直器深度之间的比值给出了准直器在设计上的指导，但目前对于 SGS 装置准直口形状的研究还不多见。

本节将利用 MC 法模拟 SGS 实际测量的情况，建立基质桶体源，对 3 种常见的准直口形状分别建立了模拟计算模型，在源探距、准直深度等条件不变的情况下，计算了基体在不同能量和密度下的当前层探测效率和邻近层探测效率值，为 SGS 探测系统设计提供参考。

1）设计原则

准直器在核探测领域广泛应用，通常的物理设计基本原则如下。

（1）准直器的探测范围包含整个被测样品的当前层，使当前层的探测效率值达到最高。

（2）临近层的特征 γ 射线进入准直器到达探测器会形成串扰，应使串扰降到最低。一般情况下，SGS 测量中临近层与当前层的探测效率比应低于 40%。

（3）在降低层间串扰的优化上，不能以牺牲当前层的探测效率为代价。

在对模拟计算结果的对比评价中，主要基于以上 3 点原则评判准直形状的优劣。

2）计算条件和模型

MCNPX 提供的 F8 计数可以很好地模拟基体对于探测器探测效率的贡献，特别是可以通过限定粒子抽样所在的位置分别计算出临近层和当前层的探测效率贡献值。

模拟计算针对 SGS 装置进行建模。该装置主要针对 200L 放射性废物桶，忽略探测器内部 Ge 晶体死层和其他因素对探测效率的影响，主要参数如表 2.9 所列。利用 MC 程序模拟建立了两层样品作为当前层和临近层，准直器和探测器屏蔽体的材料为铅，样品桶壁为铁。假设放射性物质在层内均匀分布并分别以各层作为光子抽样体源，4π 立体角各向同性抽样，在源探距和准直器深度保持不变的条件下跟踪 10^7 个源抽样光子，改变样品密度和能量分别计算了 3 种形状下当前层和临近层的探测效率值。矩形 MC 模型如图 2.11 所示，喇叭口 MC 模型如图 2.12 所示，菱形口的视图与矩形模型视图相似就不再列出。图 2.11 与图 2.12 中左侧为模型的主视图，右侧为俯视图。

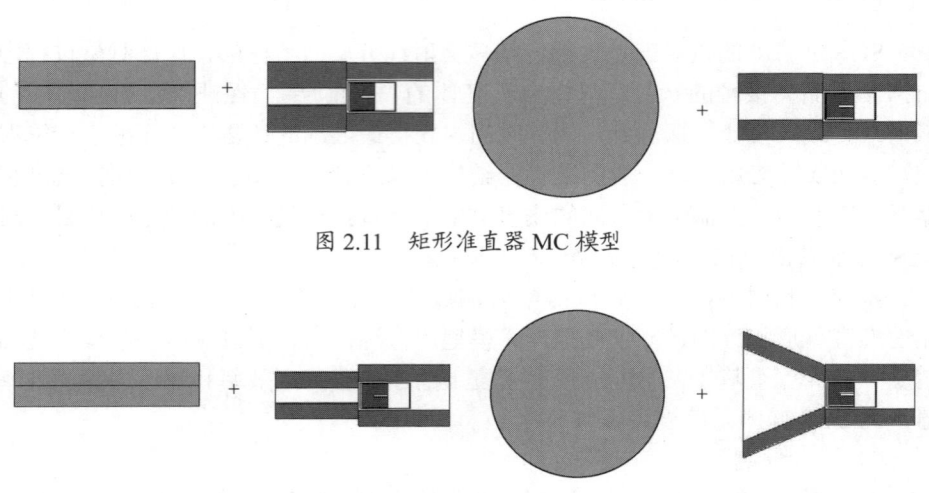

图 2.11　矩形准直器 MC 模型

图 2.12　喇叭口准直器 MC 模型

表 2.9　模型相关参数　　　　　　　　　　　（单位：cm）

源探距	75.85	准直孔深度	25
Ge 晶体半径	3.8	分层高度	7
桶半径	28	桶壁厚	0.2
探测器铝壳厚度	0.15	铝壳-Ge 间距	0.5
冷孔深度	4.5	冷孔半径	0.375

3）计算结果和分析

在对几种形状展开模拟之前，考虑到准直孔的开口宽度和高度会对探测效率产生较大影响。本研究以喇叭口形的开口高度和宽度作为菱形和矩形的基准尺寸，菱形选取准直开口高度和放射性废物桶层高两个尺寸，矩形的尺寸选取分别为喇叭口最窄、最宽、中间值和最宽口的 0.618 处，并分别通过改变能量和密度来模拟计算了当前层和临近一层的探测效率。表 2.10 所列为相关模型的开口尺寸。

表2.10 准直器模型开口尺寸　　　　　　　　（单位：cm）

准直器模型	准直开口高度	准直开口宽度
喇叭口形前端开口	5	8.264
喇叭口形前端开口	5	30
菱形1	5	5
菱形2	7	7
矩形1	5	8.264
矩形2	5	19.132
矩形3	5	18.54
矩形4	5	30

4）探测效率

图2.13为样品基体在密度0.95g·cm^{-3}的情况下，对不同形状或尺寸模型分别选取了121keV、186keV、244keV、375keV、661keV、1173keV 6种常见核素的特征能量射线探测效率MC模拟值的变化曲线图。图2.14为样品基体体源均在能量为661keV的情况下，密度为0.1g·cm^{-3}、0.5g·cm^{-3}、1.1g·cm^{-3}、1.6g·cm^{-3}、2.1g·cm^{-3}的探测效率值变化曲线图。

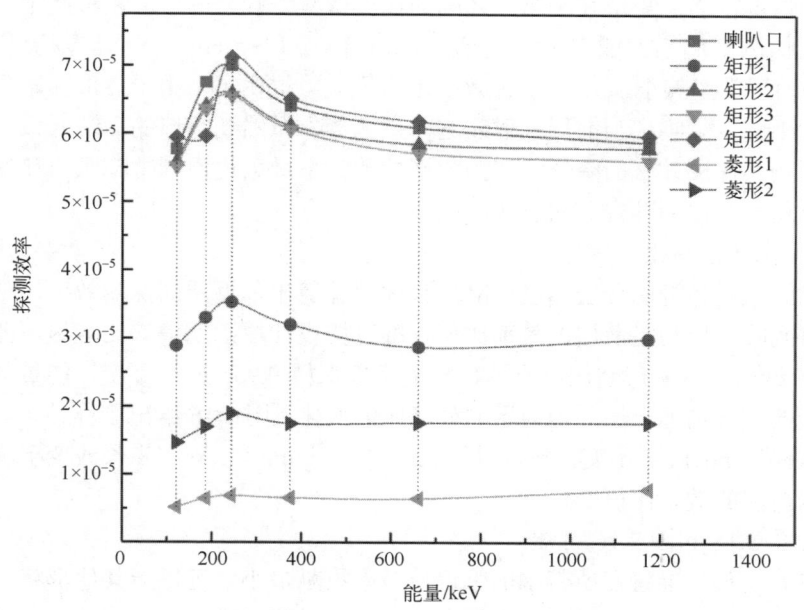

图2.13 不同能量下探测效率变化曲线图

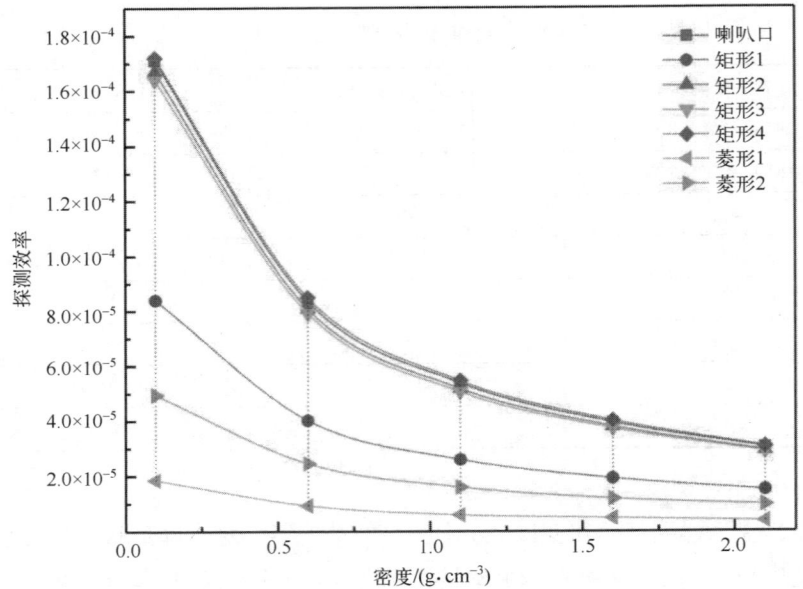

图 2.14 不同密度下探测效率变化曲线图

从图 2.13 中可以看出,在任何能区矩形 4 和喇叭口的当前层探测效率都高于其他情况,而且矩形和喇叭口之间的探测效率差几乎为零。菱形两个尺寸的当前层探测都偏小。图 2.14 中密度从（0.1~2.1）g·cm^{-3} 变化,菱形和矩形 1 的当前层效率偏小,其余 4 种效率差值不大。很明显,由于菱形和矩形的开口宽度不够,影响了当前层 γ 射线进入探测器,虽然喇叭口的后端开口较小但却未影响其探测效率的降低。在当前层探测效率最大化原则上喇叭口和宽口的矩形更适合于作为准直器的形状。

5) 探测效率比

通过限定体源的分层高度,MC 程序可计算出邻近层的探测效率,从而进一步得到临近层与当前层的效率比值,准直器设计原则期望该比值尽可能小。图 2.15 给出了几种形状的准直器,样品密度保持 0.95g·cm^{-3} 不变,能量从低能到高能改变下临近一层与当前层的效率比值变化。图 2.16 给出了样品体源 γ 射线能量保持 661keV 不变,密度从（0.1~2.1）g·cm^{-3} 以固定步长改变下临近一层与当前层的效率比值变化。

由图 2.15 和图 2.16 可知：

（1）菱形口准直器所带来的临近层效率贡献最小,远低于其他形状,但随着菱形口尺寸的增大,引起的临近层效率贡献增速很快；

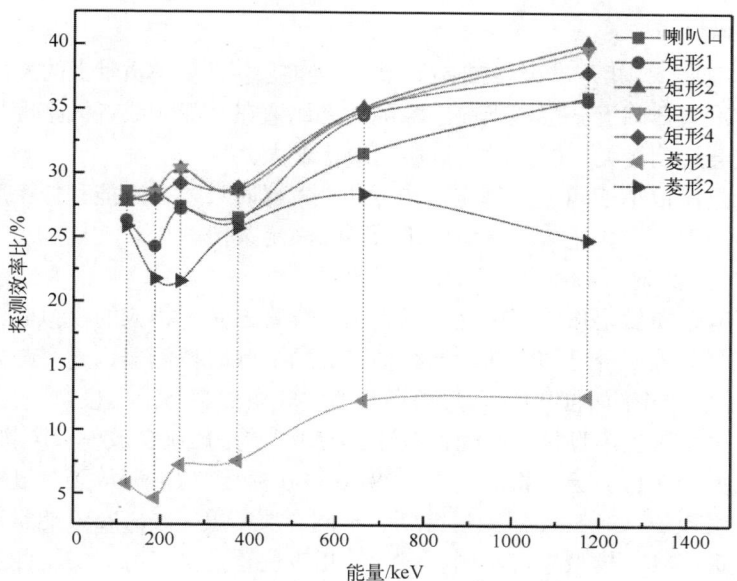

图 2.15　能量改变时探测效率比值变化曲线

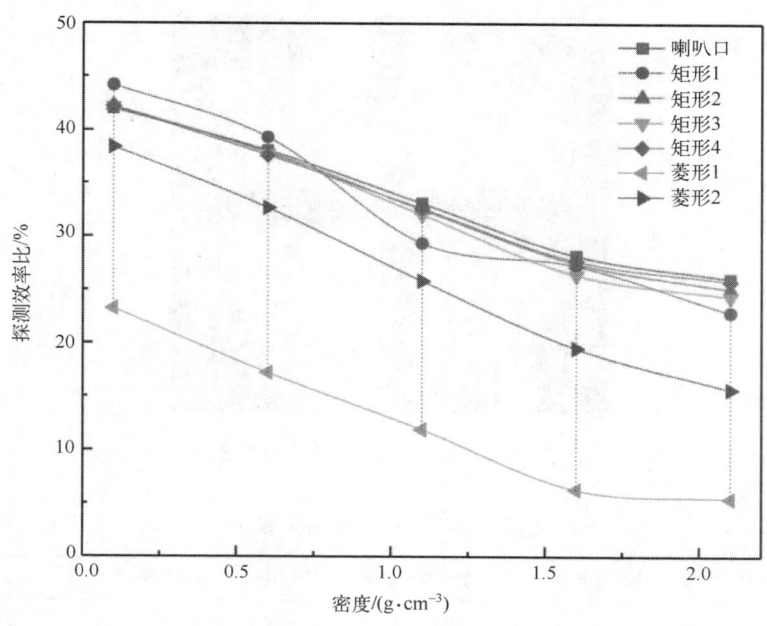

图 2.16　密度改变时探测效率比值变化曲线

（2）在一定条件下，矩形准直器的开口宽度大小对邻近层所带来的探测效

率贡献影响几乎不变;

(3) 喇叭口与矩形准直器在临近一层对当前层探测效率贡献上的表现接近;

(4) 准直器临近一层与当前层探测效率比值在高能区或者低密度样品处,效率比值会达到最大,即此时临近层的串扰最大。

为满足比值小于 40%的规定,在设计准直器时只要在高能和低密度样品条件下满足,那么,其他情况下均可认为已经满足条件。

6) 实验验证

为了验证所做工作的正确性,用喇叭口准直器做了相应的模拟验证实验。实验中探测器为一台已知内部详细结构参数的 HPGe 探测器,建立与之匹配的 MC 模型,实验中的喇叭口实际尺寸和其他实验条件都与上文模拟中保持一致。样品介质采用聚乙烯颗粒、空桶、泡沫,使用自制的 200L 放射性废物刻度桶,内部结构如图 2.17 所示。将活度为 $4.28×10^5$ Bq 标准 ^{137}Cs 源放到刻度桶指定实验位置,用该 HPGe 探测器测量得到了不同介质密度下 661keV 能量射线的实际探测效率,MC 模型中在不同材料下的相应位置定义点源。实验测量结果和 MC 模拟结果值在表 2.11 中列出。由表 2.11 可知,MC 模拟的结果与实际计算的探测效率的相对偏差在 5%以内,认为上述研究中的模拟计算是正确的。

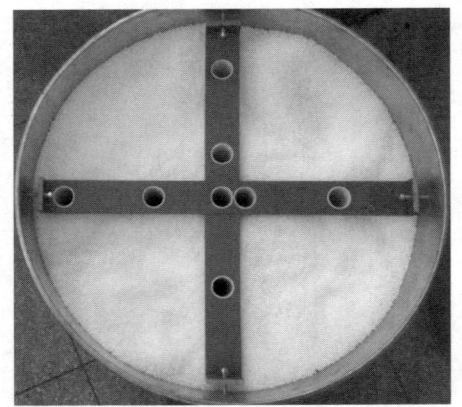

图 2.17　标准 200L 放射性废物刻度桶

表 2.11　实验模拟探测效率对比

样品介质	实验计数率	实际探测效率	模拟计算探测效率	相对偏差
空桶	34.45	$9.47×10^{-5}$	$9.70×10^{-5}$	2.48%
泡沫	29.57	$8.12×10^{-5}$	$8.47×10^{-5}$	4.23%
聚乙烯颗粒	17.89	$4.91×10^{-5}$	$5.15×10^{-5}$	4.89%

2.1.4 无源效率刻度及优化

基于无源刻度方法的分段 γ 扫描技术最为关键的是按照实际测量装置准确建立 MC 计算模型，模型的参数必须严格按照实际装置的尺寸大小与材料组成来设定，各项参数务必保证精确可靠。这里主要涉及两个方面：其一、探测系统（探测器和相应准直器、屏蔽体结构）的计算模型；其二、测量对象的计算模型。SGS 测量模型建立完成后，需要保证计算的准确性并解决快速测量的问题。本章将在模型建立并实验验证的基础上，依据测量中的实际特征，运用模拟研究的方法，通过建立离线探测效率数据库，完成 SGS 技术的无源刻度，达到 SGS 技术快速准确测量的目的。

1) 探测系统模型的建立

本工作中探测系统模拟计算模型是依据中国原子能科学研究院研制的现场分段 γ 扫描装置建立的，装置的结构如图 2.18 所示。该装置所使用探头为堪培拉公司生产的 P 型同轴 HPGe 探测器，准直器采用喇叭口结构，其设计详细参数如图 2.19 所示。屏蔽体和准直器材料都为纯铅，并在两者内外表面镀有密度为 7.9g·cm^{-3}、厚度为 0.15cm 的不锈钢保护壳。屏蔽体的内孔径为 4.8cm，外孔径 9.8cm，屏蔽体长度为 27.5cm（以上给出的尺寸均为未镀不锈钢保护壳时的参数）。依据各项参数按照 MC 建模规则建立起了探测系统模型。

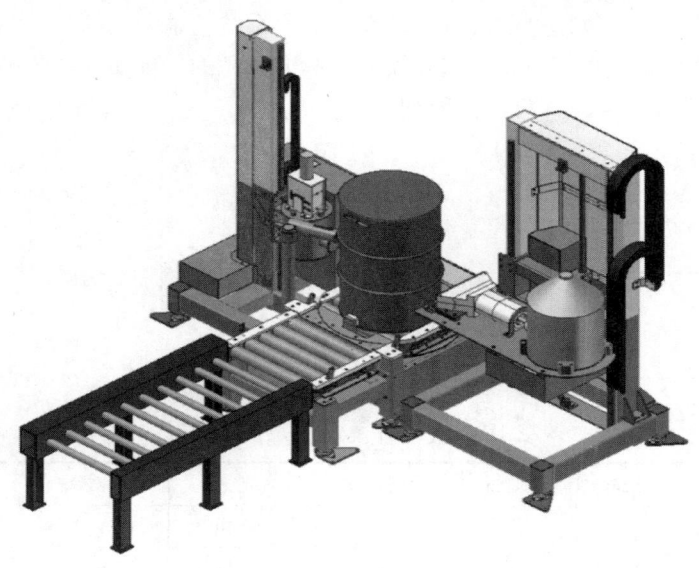

图 2.18 SGS 装置结构模型图

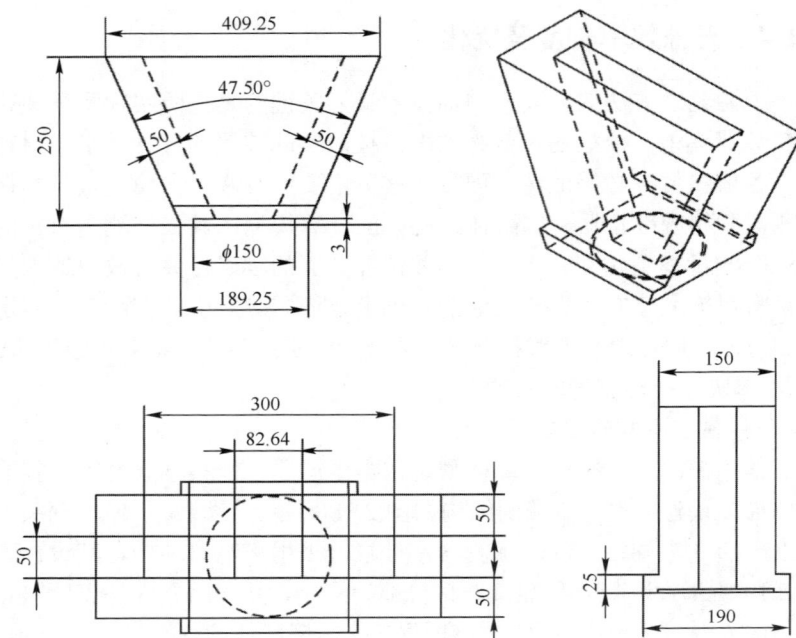

图 2.19　喇叭口准直器设计参数（单位：mm）

为了验证该计算模型的准确性，在探测器系统的轴向、横向、纵向的各选取 3 个点位分别放置 ^{137}Cs 和 ^{60}Co 展开了标准点源的验证实验。实验的示意图如图 2.20 所示。结果如表 2.12 所列。

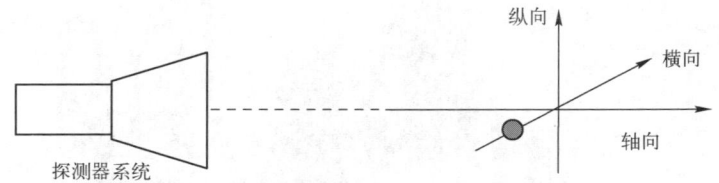

图 2.20　MC 模拟验证实验示意图

表 2.12　模拟计算与实验数据对比

轴向/cm	横向/cm	纵向/cm	能量/keV	测量效率	计算效率	相对偏差
86.6	0	0	1173	6.46×10^{-5}	6.56×10^{-5}	-1.52%
			1332	5.87×10^{-5}	6.15×10^{-5}	-4.55%
			661	9.47×10^{-5}	9.60×10^{-5}	-1.35%

续表

轴向/cm	横向/cm	纵向/cm	能量/keV	测量效率	计算效率	相对偏差
86.6	0	3.5	1173	6.07×10^{-5}	5.90×10^{-5}	2.88%
			1332	5.42×10^{-5}	5.53×10^{-5}	-1.99%
			661	8.12×10^{-5}	8.03×10^{-5}	1.12%
		7	1173	4.12×10^{-5}	3.93×10^{-5}	4.83%
			1332	3.73×10^{-5}	3.53×10^{-5}	5.67%
			661	4.91×10^{-5}	4.77×10^{-5}	2.94%
73.5	0	0	1173	8.90×10^{-5}	9.20×10^{-5}	-3.26%
			1332	8.08×10^{-5}	8.50×10^{-5}	-4.94%
			661	1.26×10^{-4}	1.32×10^{-4}	-4.55%
		3.5	1173	8.28×10^{-5}	8.13×10^{-5}	1.85%
			1332	7.52×10^{-5}	7.47×10^{-5}	0.67%
			661	1.04×10^{-4}	1.07×10^{-4}	-2.80%
		7	1173	3.89×10^{-5}	3.70×10^{-5}	5.14%
			1332	3.68×10^{-5}	3.47×10^{-5}	6.05%
			661	4.89×10^{-5}	4.67×10^{-5}	4.71%
73.5	7		1173	9.16×10^{-5}	8.60×10^{-5}	6.51%
			1332	8.32×10^{-5}	8.03×10^{-5}	3.61%
			661	1.23×10^{-4}	1.27×10^{-4}	-3.15%
	14	0	1173	8.69×10^{-5}	8.13×10^{-5}	6.89%
			1332	8.20×10^{-5}	7.70×10^{-5}	6.49%
			661	1.24×10^{-4}	1.21×10^{-4}	2.48%
	28		1173	7.85×10^{-5}	7.70×10^{-5}	1.95%
			1332	7.25×10^{-5}	7.20×10^{-5}	0.69%
			661	1.10×10^{-4}	1.11×10^{-4}	-0.90%
60.2	0	0	1173	1.34×10^{-4}	1.36×10^{-4}	-1.47%
			1332	1.22×10^{-4}	1.24×10^{-4}	-1.61%
			661	1.88×10^{-4}	1.96×10^{-4}	-4.08%
		3.5	1173	1.13×10^{-4}	1.16×10^{-4}	-2.59%
			1332	1.05×10^{-4}	1.06×10^{-4}	-0.94%
			661	1.52×10^{-4}	1.56×10^{-4}	-2.56%

续表

轴向/cm	横向/cm	纵向/cm	能量/keV	测量效率	计算效率	相对偏差
60.2	0	7	1173	$3.27×10^{-5}$	$3.47×10^{-5}$	-5.76%
			1332	$3.10×10^{-5}$	$3.19×10^{-5}$	-2.82%
			661	$3.70×10^{-5}$	$3.77×10^{-5}$	-1.86%

根据表 2.12 中数据，大多数模拟计算结果和实验所得的探测效率都相对较为吻合，相对偏差都保证在±7%以内。在进行设计要求时，误差指标为±5%，对于超过±5%的偏差认为是实验中点源空间位置固定不精准所引起的。该实验说明建立的 MC 模拟模型是正确的，模拟计算出的探测效率在误差允许的范围内可以作为实际测量值来使用。

2）测量对象计算模型的建立

在基于无源刻度方法的 SGS 分析中，不仅需要对探测器及其屏蔽准直体建立计算模型，还需要对测量对象建立计算模型。测量对象容器为 200L 标准钢桶，其几何尺寸与材料组成可以根据国家标准进行建模。问题的难点在于桶内的放射性废物的介质组成未知，对其建立合适的计算模型成为问题的关键。

一般来说，给出测量对象的介质组成是比较困难的，但是考虑到建立测量对象计算模型的目的只是用于计算特定能量射线经过介质的自吸收衰减，只涉及全能峰衰减的计算。因此，只要给样品对于特定能量射线的线吸收系数就足够了。为此，可以选择一种物质作为参考，水在各种能特定量下的质量衰减吸收系数是已知的，可以作为介质的参考。通过下式可以将介质密度换算成水的密度，这种等效替代可以保证特定能量下的介质线吸收系数不受影响，进而完成在 MCNP 程序中对于介质的定义，即

$$\rho_{(水)} = \frac{\mu_{L(介质)}}{\mu_m} \quad (2-1-10)$$

式中：$\rho_{(水)}$ 为"等效水"密度；$\mu_{L(介质)}$ 为样品对特定能量的γ射线的线吸收系数；μ_m 为水对于特定能量的质量吸收系数。

3）计算准确度的保证

（1）层间串扰的处理。在建立整套测量装置的 MC 模型时，需要考虑的一点就是被测对象层间串扰带来的影响，理论上在对每层进行探测时，期望探测器计数均来自于被测对象的当前层，但由于探测系统空间几何结构带来的影响，临近层射线也会进入准直器"视野"从而增加当前层计数，如图 2.21 所示，在 SGS 测量模型几何条件下，ABCD 及 EFGH 均为探测器

"视野范围区",增加了当前层计数,如果不考虑这一部分计数,计算结果将会有很大系统误差。为了定量计算层间串扰带来的影响,必须清楚层间串扰来自于哪些分层,它们各自贡献多少。在认为上述 MC 模型正确性的基础上,通过加入限定高度的圆柱体体源模拟 SGS 测量过程,再用计算模型分别计算各层对于探测器计数的贡献,从而可以解决层间串扰问题带来的问题。

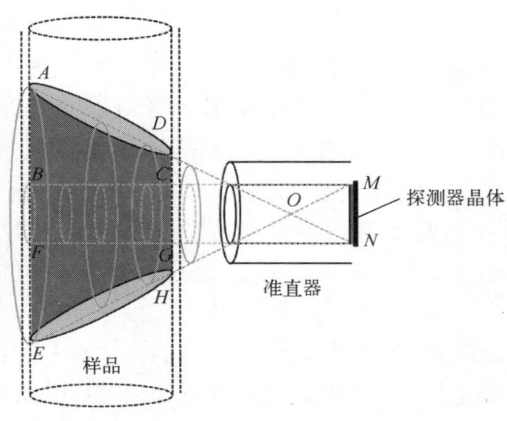

图 2.21　SGS 层间串扰模型

本研究中将高度为 90cm 的 200L 标准废物桶在几何结构上分为 13 层,每层高度约为 7cm,桶半径为 28cm,包含 0.2cm 厚的桶壁,源探距为 75.85cm,以此建立了 MC 计算模型。在(0~2)g·cm^{-3} 范围内以 0.5g·cm^{-3} 为步长选取了 5 个密度点,能量设置为 661keV,定量计算了该几何结构下邻近一层和邻近二层的探测效率,结果如表 2.13 所列。

表 2.13　能量为 661keV 下探测效率数据

密度/(g·cm^{-3})	当前层 n	邻近一层 n_1	n_1/n	邻近二层 n_2	n_2/n
0	1.17×10^{-4}	4.49×10^{-5}	38.38%	1.60×10^{-6}	3.56%
0.5	5.38×10^{-5}	1.81×10^{-5}	33.64%	3.00×10^{-7}	0.56%
1	3.45×10^{-5}	9.00×10^{-6}	26.09%	1.00×10^{-7}	0.29%
1.5	2.54×10^{-5}	5.00×10^{-6}	19.69%	1.00×10^{-7}	0.39%
2	1.93×10^{-5}	3.80×10^{-6}	19.69%	0.00	0

从表 2.13 数据可以看出,能量不变的情况下,随着密度的增加邻近层的干

扰会下降，邻近一层的串扰比较严重，不能被忽略，在进行效率矩阵运算时必须进行扣除。密度为零时，邻近二层的计数仅占当前层 3.56%，且密度增加到 0.5g·cm^{-3} 时，效率比已经减小到 0.56%，故在该种探测模型下，认为临近二层的干扰已经很少，假设在模拟计算时，继续将临近二层的计数也考虑在内，将带来大量的模拟计算，增加分析时间，不能满足快速测量的要求。所以在误差允许的条件下，为简化计算、节约时间成本，只对当前层的上下层计数进行扣除。

（2）统计误差的降低。在进行 MC 模拟计算时，为了保证计算出的探测效率更加接近于实际的真值，必须要求计算结果的统计误差尽可能小，一般要求在 1%以内。但在前期的模拟中发现，放射源定义为体源 4π 立体角各向同性抽样，对 10^7 个光子进行跟踪，计算出的结果统计误差普遍较大，不能正确反映实际的探测效率值。特别是当射线能量低于 100keV、介质密度大于 1.5g·cm^{-3} 时，统计误差基本都超过了 50%，这样的结果是不可以接受的。

为了降低模拟计算的统计误差，较为简单的方法有两种：①增加抽样粒子数，一般都需要在量级上考虑才能显著降低统计误差；②给粒子进行抽样角度的限定，让粒子被打到 Ge 晶体的可能性更高，这个角度称为抽样偏倚角，角度的限定需要对计算值进行后期的偏倚角校正。

增加抽样粒子数的方式，即使改变一个量级都会大大增加计算的时间（经过实际模拟计算,同样的计算机配置下，10^7 粒子需要 105s，10^8 粒子需要 1080s），这样的方式势必会造成较大的时间成本，所以是不可取的。在这里我们采用增加偏倚角的方式降低统计误差。为了计算得到偏倚角的具体数值，根据实际测量尺寸建立了数学计算模型，如图 2.22 所示，分别在水平和垂直两个方向上对最小偏倚角进行了计算。

实际装置的相关尺寸信息如图 2.22（a）所示，其中放射性废物桶中心距离准直器距离为 50.85cm，其中包含 0.15cm 的不锈钢保护壳厚度，桶半径为 28cm，桶壁厚度为 0.2cm，准直器长度为 25cm，开口高度为 15cm，探测器直径为 6.8cm，准直器与探测器之间的空隙为 0.45cm。

水平方向上偏倚角如图 2.22（b）所示，探测器能捕捉到来自于放射性废物桶的最大角度为 α，由模型计算易得 $\cos\alpha$ = 0.9248。轴向上偏倚角如图 2.22（c）所示，准直器的阻挡作用下，探测器最大能够捕捉的射线角度为 θ，由模型计算易得 $\cos\theta$ = 0.9370。两者中较大的角度作为即为所求偏倚角的最小值，该角度在当前探测模型几何条件下可以满足放射性废物桶的任何射线进入探测器视野范围。故该装置尺寸模型下抽样偏倚角的余弦值确定为 0.9248,在模拟计算时使用该数值对抽样粒子的方向进行限定,可在不影响统计误差的前提下降低计算时间。

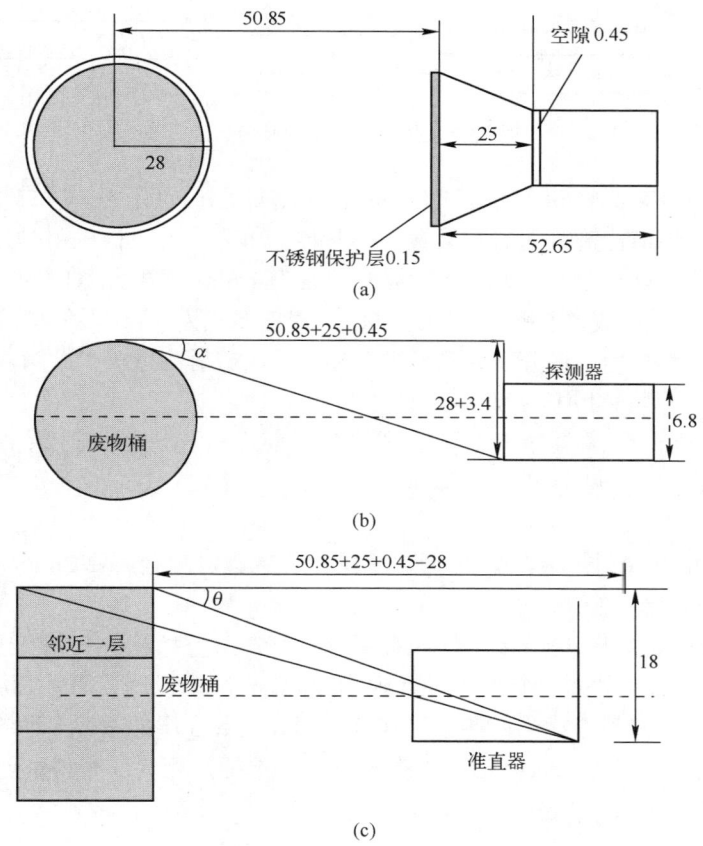

图 2.22　偏倚角计算模型(单位:cm)
(a) 装置实际尺寸示意图;(b) 水平方向偏倚角计算模型;(c) 轴向偏倚角计算模型。

4) 无源刻度方法的优化

(1) SGS 测量时间构成分析。SGS 单桶检测时间由辊道传输时间 t_1、系统初始化时间 t_2、测量时间 t_3、分析计算时间 t_4 四部分组成(时间分配如图 2.23 所示),测量用时包括探测效率刻度时间 t_5 和发射测量时间 t_6。探测效率刻度用时包括测量平台的移动时间、透射测量时间以及探测效率模拟计算时间。

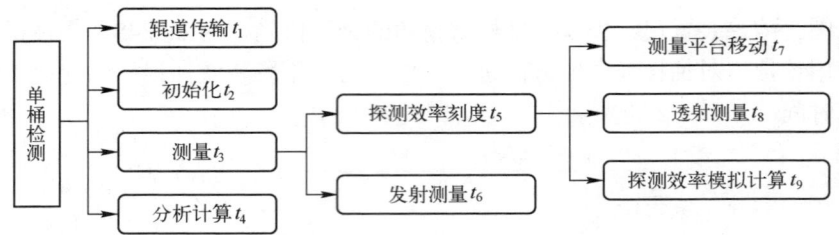

图 2.23 SGS 单桶检测时间组成

通过在 SGS 样机上进行初步的运行测量，记录了各部分的实际用时（图 2.24）。辊道传输时间 t_1 与装置的配套传输单元有关，样机用时为 10min；系统初始化时间 t_2 为 1min，分析计算时间 t_4 为 1min；发射测量时间 t_6 为 26min（随着探测器的计数率而变，计数达到统计误差要求为止）；系统探测效率刻度时间 t_5 由三部分构成，分别为测量平台移动 t_7、透射测量 t_8、探测效率模拟计算时间 t_9，三者合计用时 92min，具体如下。

① 测量平台移动时间 t_7。在开始测量前，首先进行透射源平台归位，t_7=1min。目前，透射源平台升降速度为 2mm/s，行程 10cm，外加平台触发原点后的反应时间。

② 透射测量时间 t_8。单桶分为 13 层，每层透射测量需要 2min，总的透射时间 t_8=2min/层×13 层=26min。

③ 探测效率模拟计算时间 t_9。SGS 样机中效率计算通过 MC 在线模拟实现，t_9 为 65min。设定模拟计算统计误差限为 5%，一次模拟计算用时 20s，废物桶共分 13 层，计算时考虑当前测量层和上下相邻层共 3 层的效率，即单个能量的在线模拟分析时间为 20s×13 层×3 次=13min；单桶检测取 5 个特征能量，则在线模拟分析时间 t_9=13min×5=65min。

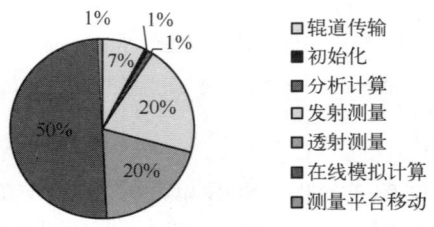

图 2.24 SGS 样机单桶检测时间配比

根据 SGS 装置的现场测试，在当前情况下，单桶检测时间为 130min，系统的探测效率刻度时间占总用时的 70.8%，特别是探测效率的在线模拟计算时

间 t_9 占用总用时的 50%。如果能够消除探测效率计算带来的时间成本，将在很大程度上提高 SGS 技术的现场使用效率。

效率在线计算通过 MC 模拟程序计算实现，计算速度取决与计算机 CPU 速度和计算量需求，而单次计算用时则完全受计算机速度和设定的统计误差限制；计算量与特征射线能量数目和层数有关，测试中的 SGS 样机系统中，计算机 CPU 为当前流行配置，性能提升空间有限；单次统计误差为 5%，属于最低可接受程度；特征射线能量为 5 个，对一般待测放射性废物检测而言，具备了代表性；计算层数仅为 3 层，也已经是相关的最小层数。这些指标无法进行优化。为此，可以从测量对象的典型特征出发，对于中低密度放射性废物，其密度一般小于 $2g·cm^{-3}$，而放射性废物桶中常见放射性核素也是有限的（特征能量有限）。可通过建立离线数据库的方式来解决计算时间问题。其基本思路是：针对不同的能量（通常是 0～2MeV）、不同密度（0～$2g·cm^{-3}$）的样品，建立桶装废物 MC 模型，设定一定的选择原则（能量、密度等），预先进行大量的模拟计算，并将结果数据保存在效率刻度数据库，数据库中数据完全覆盖待测对象的总体特征。将数据库植入 SGS 分析程序中，当进行实际样品测量时，根据透射测量结果，在数据库中进行查询相似的模型，直接得到当前对象的探测效率，消除效率在线计算时间，达到快速测量的目的。

如果结合插值法（不是根据透射测量结果直接选取数据库中的某一个，而是选择与其相近的两个数据，进行插值计算）计算，进一步降低误差。该过程为探测效率的预先计算，可提高单次模拟的粒子数目，多台计算机同时计算等方式来提高数据的分析精度。

（2）确定密度差值步长。在对探测效率数据库进行计算时，需要对计算用时进行预估，密度范围确定为（0～2）$g·cm^{-3}$ 后，密度插值步长将最终决定数据库计算量的大小。密度步长的确定需要保证线性插值运算后的探测效率值在误差允许的范围内，本工作以插值结果与模拟结果相对偏差在 5%以内作为可接受的偏差来选取合适的密度步长。

为了减少模拟数据量，在进行数据库 MC 模拟计算前，选取了 121keV、186keV、244keV、375keV、661keV、1173keV 6 种代表性特征 γ 射线，编写批量计算程序，调用 MC 计算软件，密度范围从（0～2）$g·cm^{-3}$，密度间隔为 $0.02g·cm^{-3}$，进行模拟计算，然后根据计算结果将密度为 0.1 步长的两个数据进行拟合（部分拟合曲线图如图 2.25 所示），再根据拟合公式插值计算两个拟合数据点之间的 4 个点所对应的探测效率，最后计算插值探测效率与模拟计算探测效率之间的偏差。表 2.14 为密度（1～1.1）$g·cm^{-3}$，6 个能量模拟计算的探测效率。表 2.15 为密度（1～1.1）g·cm^{-3} 之间 4 个密度点的插值和模拟效率数据表。

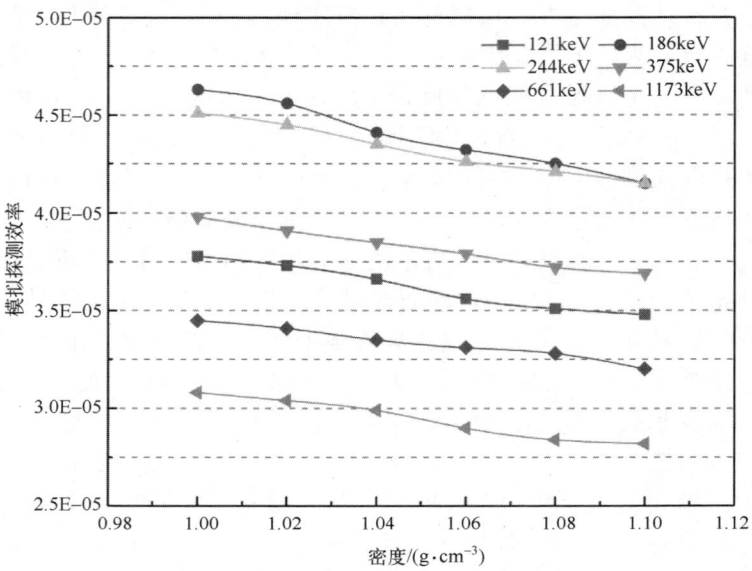

图 2.25　密度为 1g·cm^{-3} 与 1.1g·cm^{-3} 探测效率与密度关系曲线图

表 2.14　模拟计算探测效率　　　　　（密度单位：g·cm^{-3}）

能量/密度	1	1.02	1.04	1.06	1.08	1.1
121keV	3.78×10^{-5}	3.73×10^{-5}	3.66×10^{-5}	3.56×10^{-5}	3.51×10^{-5}	3.48×10^{-5}
186keV	4.63×10^{-5}	4.56×10^{-5}	4.41×10^{-5}	4.32×10^{-5}	4.25×10^{-5}	4.15×10^{-5}
244keV	4.51×10^{-5}	4.45×10^{-5}	4.35×10^{-5}	4.26×10^{-5}	4.21×10^{-5}	4.15×10^{-5}
375keV	3.98×10^{-5}	3.91×10^{-5}	3.85×10^{-5}	3.79×10^{-5}	3.72×10^{-5}	3.69×10^{-5}
661keV	3.45×10^{-5}	3.41×10^{-5}	3.35×10^{-5}	3.31×10^{-5}	3.28×10^{-5}	3.20×10^{-5}
1173keV	3.08×10^{-5}	3.04×10^{-5}	2.99×10^{-5}	2.90×10^{-5}	2.84×10^{-5}	2.82×10^{-5}

表 2.15　拟合效率与模拟效率偏差

密度 能量	密度 1.02g·cm^{-3}			密度 1.04g·cm^{-3}		
能量/keV	插值效率	模拟效率	偏差	插值效率	模拟效率	偏差
121	3.72×10^{-5}	3.73×10^{-5}	−0.36%	3.65×10^{-5}	3.66×10^{-5}	−0.22%
186	4.53×10^{-5}	4.56×10^{-5}	−0.59%	4.44×10^{-5}	4.41×10^{-5}	0.58%

续表

能量\密度	密度 1.02g·cm^{-3}			密度 1.04g·cm^{-3}		
能量/keV	插值效率	模拟效率	偏差	插值效率	模拟效率	偏差
244	4.43×10^{-5}	4.45×10^{-5}	−0.37%	4.36×10^{-5}	4.35×10^{-5}	0.20%
375	3.91×10^{-5}	3.91×10^{-5}	0.07%	3.85×10^{-5}	3.85×10^{-5}	0.08%
661	3.41×10^{-5}	3.41×10^{-5}	−0.15%	3.36×10^{-5}	3.35×10^{-5}	0.21%
1173	3.03×10^{-5}	3.04×10^{-5}	−0.32%	2.97×10^{-5}	2.99×10^{-5}	−0.56%
	密度 1.06g·cm^{-3}			密度 1.08g·cm^{-3}		
能量/keV	插值效率	模拟效率	偏差	插值效率	模拟效率	偏差
121	3.59×10^{-5}	3.56×10^{-5}	0.77%	3.52×10^{-5}	3.51×10^{-5}	0.36%
186	4.34×10^{-5}	4.32×10^{-5}	0.41%	4.24×10^{-5}	4.25×10^{-5}	−0.23%
244	4.28×10^{-5}	4.26×10^{-5}	0.57%	4.21×10^{-5}	4.21×10^{-5}	−0.01%
375	3.79×10^{-5}	3.79×10^{-5}	0.10%	3.73×10^{-5}	3.72×10^{-5}	0.38%
661	3.31×10^{-5}	3.31×10^{-5}	−0.03%	3.26×10^{-5}	3.28×10^{-5}	−0.58%
1173	2.92×10^{-5}	2.90×10^{-5}	0.57%	2.86×10^{-5}	2.84×10^{-5}	0.69%

从图 2.25 中可以看出，6 个能量探测效率与密度关系线性比较好，通过表 2.15 中插值效率和模拟效率进行比对，相对偏差小于 1%，进一步说明该区间内探测效率与密度线性关系非常好。根据该结论，在做离线数据库计算时，可以将密度步长扩大为 0.1g·cm^{-3}，这样大大节省了离线数据量。对于其他密度区间，同样以密度间隔 0.1g·cm^{-3} 步长进行分析，分析结果显示，大多数点其插值效率与模拟效率偏差小于 2%（极少数点偏差在 4%左右，最大偏差为 4.55%，出现在 121keV 能量下 0~0.2g·cm^{-3} 范围内）。因此，该套装置探测效率离线数据库计算中密度间隔确定为 0.1g/cm^3。

（3）建立探测效率数据库。通过前期论证得出以上两点结论：①步长设置为以 0.1g·cm^{-3} 的情况下，运用线性差值运算的方式满足误差要求；②在准直器开口高度为 5cm、放射性废物桶分层高度 7cm 的空间几何条件下，临近 2 层的计数串扰可以忽略不计，只需要考虑临近 1 层的计数贡献。基于此，在建立探测效率数据库时，首先选取了 30 种常见核素的特征能量，对每个能量值在 0~2g·cm^{-3} 的等效介质密度范围内遍历计算了临近层与当前层的 400 种组合，建立起了可供装置随时调用的离线探测效率数据库。图 2.26 展示了探测效率数据库的相关信息。在实际的测量中，将数据库植入分析计算软件中，配合以线性差值求取模拟探测效率的计算方式，消除了在线模拟计算用时，优化了无源效率刻度方法的耗时问题，达到了快速测量的要求。

当前层效率表				
字符段名称	中文	类型	单位	限制
Energy	能量	single	keV	0-10000keV
Density	介质密度	single	g/cm^3	0-2
EffofCurrentLayer	当前层效率	single	\	0-1
EffofAdjacentlayer	相邻层效率	single	\	0-1
相邻层效率表				
字符段名称	中文	类型	单位	限制
Energy	能量	single	keV	0-10000keV
Density	介质密度	single	g/cm^3	0-2
EffofAdjacentlayer	相邻层效率	single	\	0-1
核素信息表				
字符段名称	中文	类型	单位	限制
IsotopicName	核素名称	string	\	0-5个字符
Energy	能量	single	keV	0-10000keV
HalfTime	半衰期	double	秒	最大可能达到10的30次方
BranchRatio	分支比	single	\	0-10

图 2.26 部分数据库信息

2.2 TGS 基本测量原理

TGS 技术通过透射扫描得到物体内部衰减系数分布，其采用的方法与常用的 CT 相同，即在被测样品外加一个透射源，通过探测器对穿过物体的射线的三维立体测量，得到衰减系数分布图。根据比尔定理，其透射测量方程可表示为

$$P_i = C_i / C_{max} = e^{-\sum_{k=1}^{n} T_{ik}\mu_k} \qquad (2\text{-}2\text{-}1)$$

式中：C_i 表示有样品存在时，探测器在第 i 个测量位置测得的透射源的 γ 射线计数率；C_{max} 表示透射源的 γ 射线未被样品吸收衰减时，探测器测得的 γ 射线计数率；T_{ik} 为 $M×N$ 维阵的矩阵元，它表示探测器在第 i 个透射测量位置，被测到的透射源 γ 射线经过第 k 个体素的线衰减厚度；μ_k 为第 k 个体素的线衰减系数。

将式（2-2-1）进行对数转换：

$$\ln(P_i) = -\sum_{k=1}^{n} T_{ik}\mu_k \qquad (2\text{-}2\text{-}2)$$

令 $V_i = -\ln(P_i)$ 得

$$V_i = \sum_{k=1}^{n} T_{ik} \mu_k \quad (2\text{-}2\text{-}3)$$

解式（2-2-3）即可求得衰减系数 μ_k 的值。

在发射测量过程中，如果被测样品没有吸收衰减时，样品中各个体素的发射测量问题可以用下面的线性方程进行描述：

$$D_i = \sum_{j=1}^{n} E_{ij} \cdot S_j \quad (2\text{-}2\text{-}4)$$

式中：D_i 表示第 i 个测量位置，探测器测得的样品中所有体素发射的 γ 射线的计数率；E_{ij} 表示第 j 个体素对探测器在第 i 个扫描测量位置的探测效率；S_j 表示第 j 个体素放射源的源强。

通过求解式（2-2-4）可以得到 S_j 的值，进行求和即可获得整个样品总的放射性活度。

然而，由比尔定理可知，在实际测量过程中各个体素发射的 γ 射线穿过介质时会被吸收衰减。因此，测量结果必须对 γ 射线的吸收衰减损失进行校正，式（2-2-4）必须进行修正。修正后发射测量问题可以用下式来描述。

$$D_i = \sum_{j=1}^{n} F_{ij} \cdot S_j \quad (2\text{-}2\text{-}5)$$

$$F_{ij} = E_{ij} \cdot A_{ij} \quad (2\text{-}2\text{-}6)$$

$$A_{ij} = \prod_{k} e^{-T_{ijk}\mu_k} \quad (2\text{-}2\text{-}7)$$

式中：F_{ij} 表示经过吸收衰减校正后的效率矩阵元，称为衰减校正效率矩阵元；E_{ij} 表示探测器在第 i 个扫描测量位置对第 j 个体素的探测效率；A_{ij} 表示探测器在第 i 个扫描测量位置时，第 j 个体素发射的 γ 射线被介质吸收衰减的衰减因子；T_{ijk} 表示探测器在第 i 个扫描测量位置，测到第 j 个体素发射的 γ 射线在到达探测器之前所经过的路径上被第 k 个体素吸收衰减的线衰减厚度，即径迹长度；μ_k 表示第 k 个体素的线衰减系数。

2.3 TGS 关键技术分析

虽然 TGS 技术与 CT 技术的基本原理类似，但 TGS 技术自身存在一些特点，如体素较大、后准直器的张角较大、样品介质的密度相差很大等。这些特点决定了其存在 3 个关键的技术难点：探测效率刻度技术，透射测量图像的准确重建技术，发射测量图像的快速重建技术。

2.3.1　探测效率刻度技术

在一般的γ能谱测量中，效率刻度是一项必须做的重要工作。效率刻度的准确与否直接影响到测量结果准确度。对于 TGS 装置而言，效率刻度就是式（2-2-4）中矩阵 E 的获取过程。通常情况下，γ能谱效率刻度方法是实验刻度法。近些年来，采用 MC 方法刻度探测效率成为有效刻度 TGS 探测效率的一种主流方法，中国原子能科学院、火箭军工程大学等一些科研院所在这方面取得了一些成果。

2.3.2　透射测量图像的准确重建

所谓 TGS 透射图像的重建，就是介质线衰减系数的重建。TGS 技术类似于 CT 技术，但有着自身鲜明的特点：它对分辨要求不高，但要求能够定量测量样品内各种介质线衰减系数及样品中所含的放射性核素种类及其活度；射线源对探测器有较大的立体张角且射线不是平行束；射线经过体素时，在体素内留下的径迹长度可以相差很大。

基于 TGS 的上述特点，必须寻找合适的图像重建算法准确重建 TGS 透射图像。

2.3.3　发射图像的快速重建

当得到介质线衰减系数后，人们总希望能够尽快获得样品中放射性活度的分布情况，这就涉及发射图像重建时间的问题。但是，由于 TGS 探测器体积比较大，体素对探测器有一个较大的立体张角，导致探测器测到的每个体素所发射的γ射线均为圆锥形发散束，这就使得吸收衰减校正公式（2-2-7）中所表示的γ射线穿过介质的径迹长度 T_{ijk} 无法确定。因此，发射图像重建因为径迹长度的求解难度大变得非常复杂。

2.3.4　连续扫描模式下图像重建的主要难题

TGS 通过准确重建介质的透射图像，准确确定介质线衰减系数的分布。在此基础上，对发射图像进行修正，从而重建介质的发射图像，即定量确定介质内部放射性核素的种类及其含量。同时，为了便于工程应用，还要求 TGS 装置具有一定的分辨率和尽量短的图像重建时间。TGS 在连续扫描模式下的图像重建与步进扫描模式下相比有其特殊的难题。

1）数据分析复杂

在步进扫描模式下，每次透射测量对应的是几个固定的体素。在连续扫描模式下，透射测量中所获得的 γ 能谱，对应的是某一个扫描区域。在测量的过程中，射线会从其中的某一个体素扫描到临近的体素上，即使在某一个体素内，不同时刻所对应的射线的径迹长度也不相同。因此，在连续扫描模式下，要求解各体素的线衰减系数，必须先确定获得该 γ 能谱所对应的测量时间内，射线扫过了哪些体素，再逐个计算在该扫描时间段内每个体素所对应的平均径迹长度。因此，数据分析较步进扫描模式下要更为复杂。

2）探测效率刻度难度大

通常情况下，人们采用 MC 模拟方法进行 TGS 的探测效率刻度。在连续扫描模式下，样品的位置是随时间的变化而不断改变的，而且体素是发射源的同时也是衰减介质，这就导致在发射测量过程中空间各点的探测效率也是时间 t 的一个函数，从而使发射测量图像重建非常困难。

第 3 章 探测效率刻度技术

在一般的 γ 能谱测量中，效率刻度是一项必须做的重要工作。效率刻度的准确与否是影响测量结果准确度的关键因素之一。

过去，γ 能谱效率刻度方法是实验刻度法。用实验方法刻度 TGS 装置的效率比较烦琐。例如，对 N 个体素组成的样品，用实验方法刻度时，则将一个已知活度的标准源放置在被测样品第 j 个体素的中心位置，测量所要刻度的 γ 能量全能峰的净计数率，然后除以该核素的活度与该能量分支比的乘积，就可以求得探测效率 E_{ij}。由于探测器的扫描测量位置有 M 个，被测样品分割的体素有 N 个，则上述的效率刻度测量要进行 $M×N$ 次，对于 208L 桶装废物而言，一般分割成的体素 $N=10×10×16=1600$，探测器的扫描测量位置将有 $M=10×15×16=2400$。如果要对 208L 桶装废物测量进行效率刻度，那么，按上述刻度程序一共要进行 1600×2400 次。这还是刻度一个能量点，如果要刻度几个或几十个能量点，则效率刻度的工作量巨大。虽然利用装置几何位置的对称性和探测器对体素"视角"的有限性，可减少刻度的次数，但即使是这样，刻度测量的工作量也是相当大的，是非常费时、费力、费钱的工作。对于一个用于实际测量工作的 TGS 装置来说，真要用实验方法来获得全部探测效率值几乎是不可能的，也是不现实的。因此，若要将 TGS 装置应用于实际，必须研究新的效率刻度方法。在保证一定的准确度的前提下，尽量避免用传统实验刻度法给 TGS 测量带来的困难。

3.1 探测器的探测效率

单个粒子（带电粒子或 γ 光子等）入射到探测器的灵敏体积内就有可能形成一个可以记录的信号，形成信号的概率就是探测效率。

3.1.1 探测效率的影响因素

分析射线从产生到被记录下来的整个物理过程，可以看出，影响探测效率的因素主要有以下 4 个方面。

（1）几何条件。只有对着探测器的灵敏体积所对的那个立体角内入射的射线才有可能被记录（不考虑散射）。

（2）衰减因子。射线从放射源发出往往会穿过空气、包装材料、探测器外壳等才能到达探测器的灵敏体积。在此过程中，射线会因与这些物质发生相互作用而衰减。

（3）作用概率。射线到达灵敏体积后与探测器介质发生相互作用。如果射线是 γ 射线，首先会在探测器介质中形成次级带电粒子，然后使探测器介质激发或电离。探测介质的材料和尺寸不同，产生次级带电粒子的概率也不同，探测效率也不同。

（4）记录效率。在探测器元件中形成了信号后，并不一定能够记录下来。例如，对电信号形成的脉冲必须高于记录系统的甄别阈，而甄别阈的高低又与探测器的噪声有关。另外，探测器存在死时间也会损失一部分计数。

3.1.2 几种探测效率的定义

探测效率可分为源探测效率和本征探测效率。源探测效率也可称为绝对探测效率，它是由 3.1.1 节中所提到的 4 个因素决定的。源探测效率的定义为

$$\varepsilon_s = \frac{n}{N} \tag{3-1-1}$$

式中：n 表示探测器记录的脉冲数；N 表示放射源发射的粒子数。

为了更好地表征探测器本身的性能，常用本征探测效率，即本征效率。本征效率的定义为

$$\varepsilon_{in} = \frac{n}{N'} \tag{3-1-2}$$

式中：n 表示探测器记录的脉冲数；N' 表示入射到探测器灵敏体积内的粒子数。

显然，本征效率与探测器和放射源之间的几何条件无关。对于各向同性的放射源，在物质衰减因子可忽略时，本征探测效率与绝对探测效率的关系为

$$\varepsilon_s = \varepsilon_{in} \cdot \Omega/4\pi \tag{3-1-3}$$

式中：Ω 表示探测器灵敏体积对放射源所张的立体角。

$\Omega/4\pi$ 也可称为几何因子或空间几何效率 ω。

当测量 γ 射线强度时，为了去掉周围物体上散射引起的计数和噪声的干扰，往往只记录全能峰对应的计数，这时的探测效率称为峰探测效率。它可以分为源峰探测效率 ε_{sp} 和本征峰探测效率 ε_{inp}。它们的定义分别为

$$\varepsilon_{\text{sp}} = \frac{n_{\text{p}}}{N} \qquad (3\text{-}1\text{-}4)$$

$$\varepsilon_{\text{inp}} = \frac{n_{\text{p}}}{N'} \qquad (3\text{-}1\text{-}5)$$

式中：n_{p} 表示全能峰内的计数；N 表示放射源发射的 γ 光子数；N' 表示入射到探测器灵敏体积内的粒子数。

同时，由于 HPGe 探测器测量端外加了准直器，不能直接使用探测器的灵敏体积来计算空间几何效率，需要添加准直器的修正。因此，TGS 探测器效率定义为

$$E = \frac{n_{\text{p}}}{N' \cdot P_{\text{r}}} \cdot \omega = \varepsilon_{\text{inp}} \cdot \omega \qquad (3\text{-}1\text{-}6)$$

式中：P_{r} 表示能量为 E_{r} 的 γ 射线分支比。

因此，在 TGS 探测系统中，探测器的探测效率实际上就是探测器自身的本征峰探测效率 ε_{inp} 与空间几何效率 ω 的乘积。它只与样品与探测器系统之间的空间几何结构以及探测器本身的参数有关。当 TGS 装置确定时，TGS 装置的探测效率也就确定下来。但是因为相同条件下，探测器对不同能量的 γ 射线的探测效率是不一样的，所以事先对需要能量的探测效率刻度好，将结果以数据库的方式存储起来，待每次发射测量图像重建时调用，可以为后续数据分析节省大量时间。

3.2 TGS 测量装置效率元独立性的确定

3.2.1 TGS 刻度模型以及扫描测量方式

本节中，TGS 刻度测量模型采用 3×3×3 体素组成模型（图 3.1），体素尺寸为 5cm×5cm×5cm。

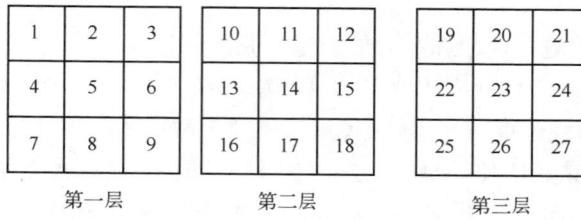

图 3.1 TGS 模型

扫描方式：先将样品分层，顺序为第 1 层→第 2 层→第 3 层。

每 1 层，探测器水平移动 3 个测量位置。每个测量位置，将扫描平台旋转 4 个角度（0°、45°、90°、135°）。每旋转 1 个角度，测量 1 次。一个样品共测量 36 次。图 3.2 表示扫描第 1 层，探测器的 3 个平移测量位置。图 3.3 表示一个平移测量点，扫描平台旋转的 4 个角度。

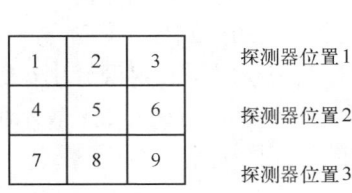

图 3.2　探测器的 3 个水平测量位置

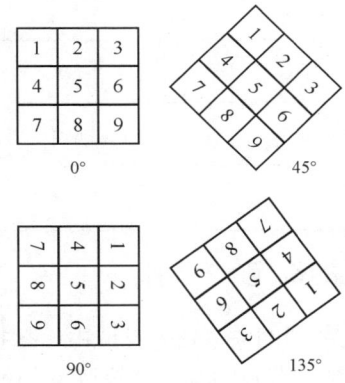

图 3.3　样品旋转 4 个角度示意图

3.2.2　TGS 体素效率矩阵元与探测器扫描位置的关系

对于 3×3×3 体素组成模型，在上述的扫描方式下，TGS 探测效率矩阵元共有 27×36=972 个矩阵元，利用对称性，对 972 个矩阵元作如下分析。

按射线源所在的位置和探测器所在的位置，将 972 个效率矩阵元划分为 9 个大区，每个大区用一个矩阵表示，这样效率矩阵就划分为 9 个子矩阵，每个子矩阵包含有 108 个矩阵元。这 9 个子矩阵可写成如下关系式：

eff=[aeff, beff, ceff];

esf=[aesf, besf, cesf];

etf=[aetf, betf, cetf]。

在上述效率矩阵关系式中，eff、esf 和 etf 分别表示探测器扫描位置在第一层、第二层和第三层时，放射源在 27 个体素中的探测效率。效率矩阵关系式中的子矩阵 aeff、beff 和 ceff 分别表示探测器扫描位置在第一层时，放射源分别在第一层、第二层和第三层体素（每层 9 个）中的探测效率矩阵元；子矩阵 aesf、besf 和 cesf 分别表示探测器扫描位置在第二层时，放射源分别在第一层、第二层和第三层体素（每层 9 个）中的探测效率矩阵元；子矩阵 aetf、betf 和 cetf 分别表示探测器扫描位置在第三层时，放射源分别在第一层、第二层和第三层体素（每层 9 个）中的探测效率矩阵元。表 3.1 表示子效率矩阵与探测器的扫描位置和放射源在体素中的位置的关系。

表 3.1 效率矩阵的 9 个子矩阵

探测器扫描位置（层）		放射源在体素中的位置（层）		
		第一层	第二层	第三层
	第一层（eff）	aeff	beff	ceff
	第二层（esf）	aesf	besf	cesf
	第三层（etf）	aetf	betf	cetf

3.2.3 独立矩阵元的确定

在分析 TGS 各矩阵元之间的关系时，发现由于扫描位置的对称性，许多效率矩阵元的值是相等的，只有有限的几十个矩阵元的值是相互独立的。在效率刻度中，只要把独立矩阵元刻度了，其他所有矩阵元的刻度值都可以得到。下面对 972 各矩阵元的独立性进行了具体的分析。

1）Ⅰ区

Ⅰ区表示射线源在第 1 层，探测器在第 1 层。按测量位置，旋转角度，将Ⅰ区矩阵 aeff 再划分为 12 个子矩阵：

aeff=[aaeff; baeff; caeff; daeff;
　　　eaeff; faeff; gaeff; haeff;
　　　iaeff; jaeff; kaeff; laeff]

分析矩阵 aeff 的 12 个子矩阵独立矩阵元，分析 TGS 模型旋转各放射源位置相对于探测器位置的对称性，而得到 aeff 的独立矩阵元。

(1) 放射源在第 1 层, 探测器在第 1 层, 第 1 个位置。

① 第 1 个旋转角度（0°）。矩阵 aaeff 的 9 个矩阵元独立。

② 第 2 个旋转角度（45°）。矩阵 baeff 的 8 个矩阵元独立, 第 5 个矩阵元等于 aaeff 的第 5 个矩阵元。

③ 第 3 个旋转角度（90°）。矩阵 caeff 的 9 个矩阵元全部不独立。通过转换关系Ⅰ由 aaeff 矩阵元得到, 如图 3.4 所示。

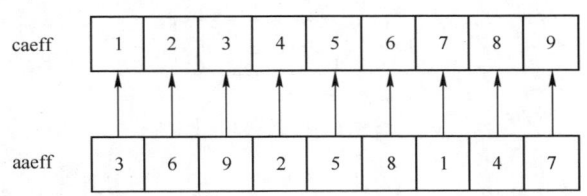

图 3.4　转换关系Ⅰ

含义：caeff 的第 1 个矩阵元等于 aaeff 的第 3 个矩阵元;
　　　caeff 的第 2 个矩阵元等于 aaeff 的第 6 个矩阵元;
　　　……
　　　caeff 的第 9 个矩阵元等于 aaeff 的第 7 个矩阵元。

④ 第 4 个旋转角度（135°）。矩阵 daeff 的 9 个矩阵全部不独立, 通过转换关系Ⅰ由 baeff 矩阵元得到, 如图 3.5 所示。

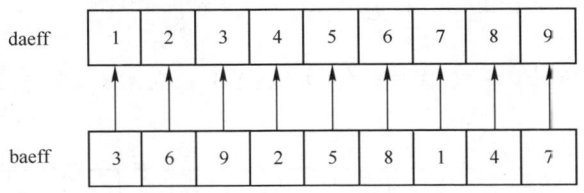

图 3.5　由 baeff 矩阵转换得到 daeff 矩阵

(2) 放射源在第 1 层, 探测器在第 1 层, 第 2 个位置。

① 第 1 个旋转角度（0°）。矩阵 eaeff 的矩阵元全部不独立, 通过转换关系Ⅱ, 由 aaeff 得到（图 3.6）。

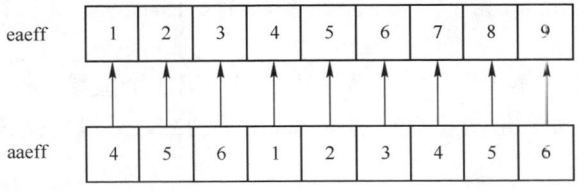

图 3.6　转换关系Ⅱ

② 第 2 个旋转角度（45°）。矩阵 faeff 半独立，9 个矩阵元只有 5 个矩阵元独立。在 faeff 矩阵中，第 5 个矩阵元等于 aaeff 的第 2 个矩阵元，其余 3 个不独立的矩阵元，通过转换关系Ⅲ，由 faeff 得到（图 3.7）。

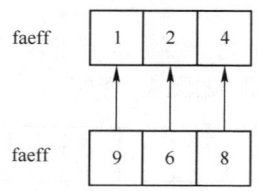

图 3.7　转换关系Ⅲ

③ 第 3 个旋转角度（90°）。矩阵 gaeff 不独立，通过转换关系Ⅰ，由 eaeff 得到（图 3.8）。

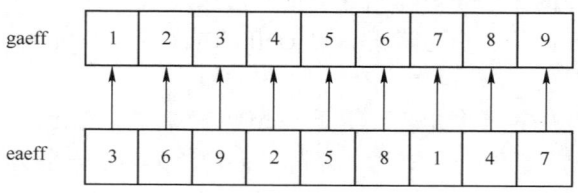

图 3.8　由 eaeff 矩阵转换得到 gaeff 矩阵

④ 第 4 个旋转角度（135°）。矩阵 haeff 不独立，通过转换关系Ⅰ，由 faeff 得到（图 3.9）。

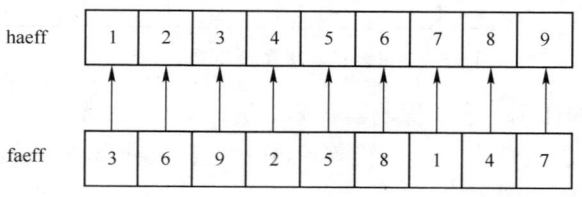

图 3.9　由 faeff 矩阵转换得到 haeff 矩阵

（3）放射源在第 1 层，探测器在第 1 层，第 3 个位置。

① 第 1 个旋转角度（0°）。矩阵 iaeff 不独立，通过转换关系Ⅳ，由 aaeff 得到（图 3.10）。

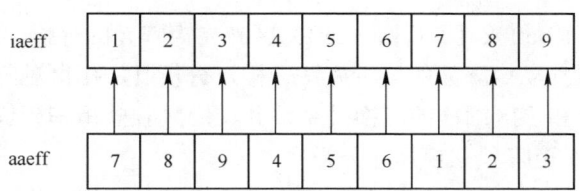

图 3.10　转换关系 Ⅳ

② 第 2 个旋转角度（45°）。矩阵 jaeff 不独立，通过转换关系 Ⅴ，由 baeff 得到（图 3.11）。

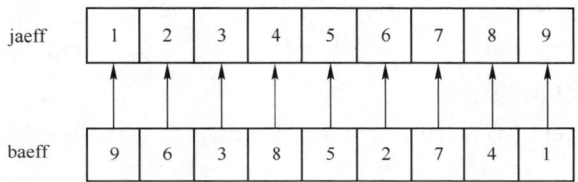

图 3.11　转换关系 Ⅴ

③ 第 3 个旋转角度（90°）。矩阵 kaeff 不独立，通过转换关系 Ⅰ，由 iaeff 得到（图 3.12）。

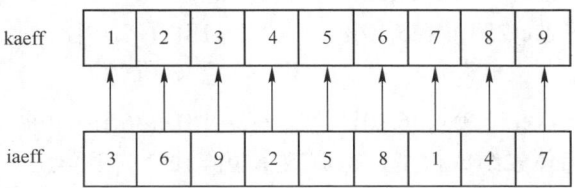

图 3.12　由 iaeff 矩阵转换得到 kaeff 矩阵

④ 第 4 个旋转角度（135°）。矩阵 laeff 不独立，通过转换关系 Ⅰ，由 jaeff 得到（图 3.13）。

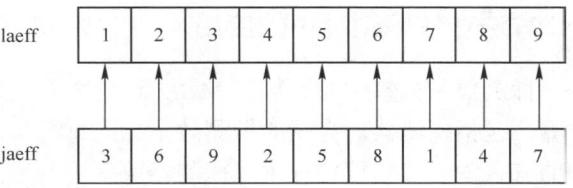

图 3.13　由 jaeff 矩阵转换得到 laeff 矩阵

通过上面的分析，Ⅰ 区（矩阵 aeff）的 108 个矩阵元中独立的矩阵元 22 个。

2）Ⅱ（矩阵 beff）、Ⅲ（矩阵 ceff）区独立矩阵元的分析

同分析Ⅰ区独立矩阵元的分析方法一样，分析Ⅱ、Ⅲ区独立矩阵元，Ⅱ、Ⅲ区矩阵元遵从和Ⅰ区同样的转换关系，Ⅱ、Ⅲ区独立矩阵元均为 22。

3）探测效率矩阵独立矩阵元分析

分析发现：除Ⅰ、Ⅱ、Ⅲ区外，其余区的矩阵元可以由Ⅰ、Ⅱ、Ⅲ得到，它们之间的关系为

$$\begin{cases} besf=cetf=aeff \\ aesf=cesf=beff \\ betf=beff \\ aetf=ceff \end{cases}$$

于是，效率矩阵表示为

$$\begin{matrix} e(1,1), & \cdots, & e(1,9), e(1,10), & \cdots, & e(1,18), e(1,19), & \cdots, & e(1,27) \\ \vdots & \text{Ⅰ} & \vdots & \vdots & \text{Ⅱ} & \vdots & \vdots & \text{Ⅲ} & \vdots \\ e(12,1), & \cdots, & e(12,9), e(12,10), & \cdots, & e(12,18), e(12,19), & \cdots, & e(12,27) \\ e(13,1), & \cdots, & e(13,9), e(13,10), & \cdots, & e(13,18), e(13,19), & \cdots, & e(13,27) \\ \vdots & \text{Ⅱ} & \vdots & \vdots & \text{Ⅰ} & \vdots & \vdots & \text{Ⅱ} & \vdots \\ e(24,1), & \cdots, & e(24,9), e(24,10), & \cdots, & e(24,18), e(24,19), & \cdots, & e(24,27) \\ e(25,1), & \cdots, & e(25,9), e(25,10), & \cdots, & e(25,18), e(25,19), & \cdots, & e(25,27) \\ \vdots & \text{Ⅲ} & \vdots & \vdots & \text{Ⅱ} & \vdots & \vdots & \text{Ⅰ} & \vdots \\ e(36,1), & \cdots, & e(36,9), e(36,10), & \cdots, & e(36,18), e(36,19), & \cdots, & e(36,27) \end{matrix}$$

对于 3×3×3 体素组成模型，探测效率矩阵独立的矩阵元一共有 66 个，由这 66 个矩阵元就构造了 972 个矩阵元的探测效率矩阵。

3.3 探测效率的 MC 刻度方法

3.3.1 MC 方法在效率刻度中的应用

实验核物理中探测器系列参数的计算是 MC 方法的主要应用领域之一。探测器系列参数计算，包括探测器对光子的探测效率、能量沉积谱、响应函数、全能峰以及它们的有关量。实验核物理中，探测器效率的刻度技术是必不可少的，自从具有"脉冲高度谱记数" F8 功能版本的 MCNP 程序出现以后，就有 MCNP 计算 HPGe 探测效率的研究论文，说明了应用 MCNP 解决 HPGe 探测效率的有效性。

MCNP（Monte Carlo N-Particles）是一个大型科学计算程序。它用于处理连续能量、时间相关、三维几何、中子-光子-电子辐射输运问题。MCNP 程序发展很快，截至 1997 年释放的 MCNP4B 已经具有如下功能。

（1）可处理三维复杂系统的输运问题，几何界面除任意平面和二阶曲面外，也可包括四阶椭环面。

（2）粒子输运方式可以是中子输运、光子输运、电子输运、中子-光子耦合输运、中子-光子-电子耦合输运、光子-电子耦合输运或电子-光子耦合输运。

（3）可计算穿透问题，也可计算临界特征值问题。

（4）配备的截面数据覆盖了所有的常用核素和同位素，并可选用能量连续方式或多群方式，可处理的中子的能量范围是 $(10^{-11} \sim 20)$MeV，光子和电子能量范围是 $(0.001 \sim 1000)$MeV。

（5）有多种物理量的选择。

（6）提供多方面的数据。

（7）有 10 多种降低方差的技巧。

（8）具有较好的图形输出功能。

（9）既可以在串行计算环境运行，也可以在并行计算环境运行。

下面仅介绍几何作图的常用命令。

几何作图的命令集：

available commands：

term	basis	theta
file	origin	cursor
viewport	extent	restore
&	px	locate
end	py	color
return	pz	shade
mcplot	label	?
options	scales	help
status	center	
runtpe	factor	

available colors：

purple	pink	light-blue
blue	sky-blue	light-green

　　　　　　　green　　　　　orange
　　　　　　　yellow　　　　grey

（1）options。列出可选的作用命令和图形颜色清单。
（2）status。列出当前作图状态。
（3）end。结束绘图。
（4）origin O_1、O_2、O_3。指定图形中心坐标。
（5）basis h_1、h_2、h_3 v_1、v_2、v_3。指定图形平面方向向量。
（6）factor C：C>1 缩小；C<1 放大。
（7）restore。复原图形。
（8）file all。保存全部图。

3.3.2　TGS 装置探测效率的 MC 计算

MC 程序 MCNP4B，记数卡：F8。

源参数：源位于体素的中心。方向各向同性，抽样时方向偏倚，单一能量。TGS 模型和扫描方式同 3.2.1 节。

系统坐标系为直角坐标系，原点在体素 14 的中心，y 轴方向平行于探测器轴方向，指向探测器，z 轴方向沿 TGS 模型轴线朝上，TGS 装置布局如图 3.14 所示。

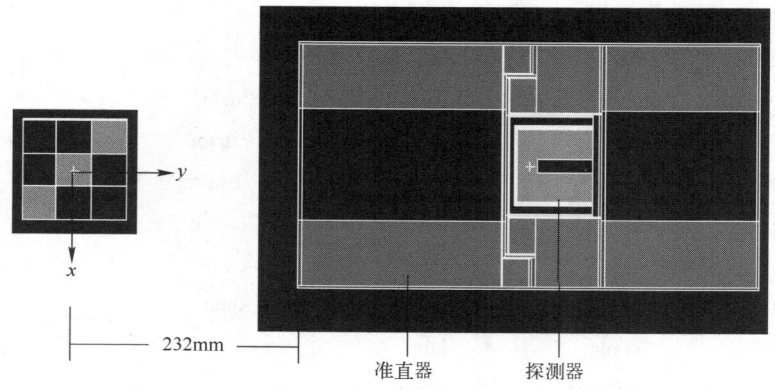

图 3.14　计算效率 TGS 装置布局

准直器结构及参数如图 3.15 所示。
准直器横截面结构及参数如图 3.16 所示。

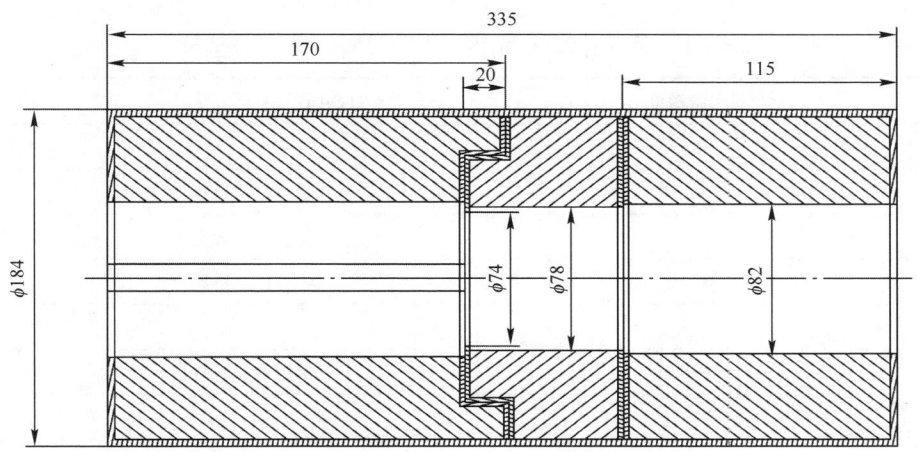

图 3.15 准直器结构及参数

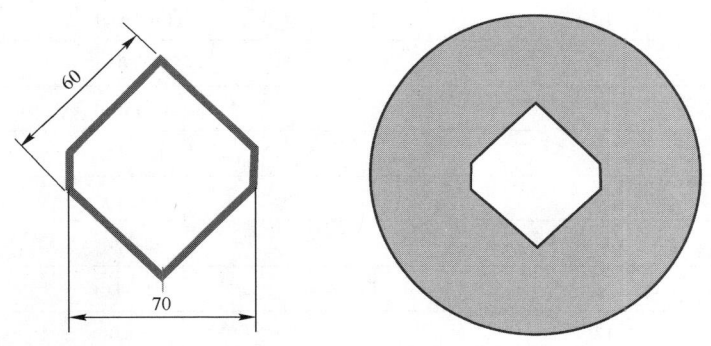

图 3.16 准直器横截面结构及参数

由 3.2 节的分析可知:

3×3×3 TGS 模型效率矩阵独立元有 66 个。

源在第 1 层,探测器在第 1 层的矩阵 aeff 有 22 个独立矩阵元。

源在第 2 层,探测器在第 1 层的矩阵 beff 有 22 个独立矩阵元。

源在第 3 层,探测器在第 1 层的矩阵 ceff 有 22 个独立矩阵元。

表 3.2、表 3.3 列出 27 个源位在第 1 个旋转角度、第 2 个旋转角度的坐标。

表 3.4 列出了 aeff 矩阵元的值(^{60}Co 源,能量为 1332.52keV)。

表 3.5 列出了 beff 矩阵元的值(^{60}Co 源,能量为 1332.52keV)。

表 3.6 列出了 ceff 矩阵元的值(^{60}Co 源,能量为 1332.52keV)。

表 3.2　第 1 个旋转角度（0°）27 个体素的坐标

体素编号（源位）	坐标（x,y,z）
1	(−vl,−vl,vl)
2	(−vl,0,vl)
3	(−vl,vl,vl)
4	(0,−vl,vl)
5	(0,0,vl)
6	(0,vl,vl)
7	(vl,−vl,vl)
8	(vl,0,vl)
9	(vl,vl,vl)
10	(−vl,−vl,0)
11	(−vl,0,0)
12	(−vl,vl,0)
13	(0,−vl,0)
14	(0,0,0)
15	(0,vl,0)
16	(vl,−vl,0)
17	(vl,0,0)
18	(vl,vl,0)
19	(−vl,−vl,−vl)
20	(−vl,0,−vl)
21	(−vl,vl,−vl)
22	(0,−vl,−vl)
23	(0,0,−vl)
24	(0,vl,−vl)
25	(vl,−vl,−vl)
26	(vl,0,−vl)
27	(vl,vl,−vl)

说明：vl=5cm。

表 3.3　第 2 个旋转角度（45°）27 个体素的坐标

体素编号（源位）	坐标（x,y,z）
1	(−dia,0,vl)
2	(−dia/2,dia/2,vl)
3	(0,dia,vl)
4	(dia/2,− dia/2,vl)
5	(0,0,vl)
6	(dia/2, dia/2,vl)
7	(0,−dia,vl)
8	(dia/2,− dia/2,vl)
9	(dia,0,vl)
10	(−dia,0,0)
11	(−dia/2, dia/2,0)
12	(0,dia,0)
13	(−dia/2,− dia/2,0)
14	(0,0,0)
15	(dia/2, dia/2,0)
16	(0,−dia,0)
17	(dia/2,− dia/2,0)
18	(dia,0,0)
19	(−dia,0,−vl)
20	(−dia/2, dia/2,−vl)
21	(0,dia,−vl)
22	(−dia/2,−dia/2,−vl)
23	(0,0,−vl)
24	(dia/2, dia/2,−vl)
25	(0,−dia,−vl)
26	(dia/2,−dia/2,−vl)
27	(vl,vl,−vl)

说明：vl=5cm，dia=$\sqrt{2}$ vl。

表 3.4 aeff(10^{-3})矩阵元的值

0.1441	0.1833	0.2374	0.1407	0.1699	0.2103	0.0549	0.0430	0.0220
0.1764	0.2198	0.2449	0.1555	0.1699	0.0709	0.1312	0.0883	0.0121
0.2374	0.2103	0.0220	0.1833	0.1699	0.0430	0.1441	0.1407	0.0549
0.2449	0.0709	0.0121	0.2198	0.1699	0.0883	0.1764	0.1555	0.1312
0.1407	0.1699	0.2103	0.1441	0.1833	0.2374	0.1407	0.1699	0.2103
0.1172	0.2149	0.2689	0.1548	0.1833	0.2149	0.1292	0.1548	0.1172
0.2103	0.2374	0.2103	0.1699	0.1833	0.1699	0.1407	0.1441	0.1407
0.2689	0.2149	0.1172	0.2149	0.1833	0.1548	0.1172	0.1548	0.1292
0.0549	0.0430	0.0220	0.1407	0.1699	0.2103	0.1441	0.1833	0.2374
0.0121	0.0709	0.2449	0.0883	0.1699	0.2198	0.1312	0.1555	0.1764
0.0220	0.2103	0.2374	0.0430	0.1699	0.1833	0.0549	0.1407	0.1441
0.2449	0.2198	0.1764	0.0709	0.1699	0.1555	0.0121	0.0883	0.1312

表 3.5 beff(10^{-3}) 矩阵元的值

0.1418	0.1771	0.2232	0.0936	0.1011	0.0903	0.0281	0.0144	0.0057
0.1523	0.1921	0.0806	0.1439	0.1011	0.0181	0.0930	0.0442	0.0046
0.2232	0.0903	0.0057	0.1771	0.1011	0.0144	0.1418	0.0936	0.0281
0.0806	0.0181	0.0046	0.1921	0.1011	0.0442	0.1523	0.1439	0.0930
0.0936	0.1011	0.0903	0.1418	0.1771	0.2232	0.0936	0.1011	0.0903
0.0558	0.1402	0.2516	0.1203	0.1771	0.1402	0.1310	0.1203	0.0558
0.0903	0.2232	0.0903	0.1011	0.1771	0.1011	0.0936	0.1418	0.0936
0.2516	0.1402	0.0558	0.1402	0.1771	0.1203	0.0558	0.1203	0.1310
0.0281	0.0442	0.0046	0.1439	0.1011	0.0181	0.1523	0.1921	0.0806
0.0046	0.0181	0.0806	0.0442	0.1011	0.1921	0.0930	0.1439	0.1523
0.0046	0.0181	0.0806	0.0442	0.1011	0.1921	0.0281	0.1439	0.1523
0.0806	0.1921	0.1523	0.0181	0.1011	0.1439	0.0046	0.0442	0.0930

表 3.6 ceff(10^{-4}) 矩阵元的值

0.6488	0.5661	0.3836	0.2980	0.1596	0.0670	0.0364	0.0154	0.0071
0.4599	0.4035	0.0399	0.5952	0.1586	0.0164	0.3505	0.0514	0.0074
0.3836	0.0670	0.0071	0.5661	0.1596	0.0154	0.6488	0.2980	0.0364
0.0399	0.0164	0.0074	0.4035	0.1586	0.0514	0.4599	0.5952	0.3505
0.2980	0.1596	0.0670	0.6488	0.5661	0.3836	0.2980	0.1596	0.0670
0.0566	0.1919	0.2824	0.4359	0.5661	0.1919	0.6436	0.4359	0.0566
0.0670	0.3836	0.0670	0.1596	0.5661	0.1596	0.2980	0.6488	0.2980
0.2824	0.1919	0.0566	0.1919	0.5661	0.4359	0.0566	0.4359	0.6436
0.0364	0.0154	0.0071	0.2980	0.1596	0.0670	0.6488	0.5661	0.3836
0.0670	0.3836	0.0670	0.1596	0.5661	0.1596	0.2980	0.6488	0.2980
0.0071	0.0670	0.3836	0.0154	0.1596	0.5661	0.0364	0.2980	0.6488
0.0399	0.4035	0.4599	0.0164	0.1586	0.5952	0.0074	0.0514	0.3505

3.3.3 MC 效率刻度的实验验证

本研究工作对 MC 效率刻度的方法和计算数据进行了实验验证。效率刻度验证实验是在图 3.17 和图 3.18 所示的 TGS 实验装置上进行的。实验验证 MC 效率刻度装置的几何尺寸如图 3.14 所示。验证实验的扫描测量模式与 3.2.1 节描述的完全相同。

图 3.17　TGS 实验装置侧视图

图 3.18　TGS 实验装置的斜视图

TGS 实验装置主要包括 3 个部分。

（1）装置机械传动部分。功能：样品作平移、旋转、升降三维扫描运动。

机械传动装置由水平运动导轨、曲柄手摇水平丝杆、曲柄手摇垂直丝杆、垂直升降减速器、标有角度的旋转盘、承重支架和 U 形铁板台面等构成。

机构传动装置通过手摇水平丝杆，传动并控制透射源与探测器同步水平移动，以达到水平方向精确扫描样品的目的。机械传动装置通过手摇带减速器的垂向丝杆，传动并控制样品旋转平台上下升降运动。手动旋转平台，通过目测指针指向固定在旋转平台上的不锈钢角度刻度盘。

（2）装置的透射结构部分。透射装置由透射源和铅准直器构成。准直孔截面为圆形（图 3.19），其直径为 0.6cm，深度 14.5cm。

图 3.19　透射装置准直器

（3）装置的测量部分。装置的测量部分由后准直器、HPGe 探测器、DSPEC 数字多道谱仪、计算机组成。

后准直器的结构和参数如图 3.15、图 3.16 和图 3.20 所示。HPGe 探测器型号是 GR3019。

图 3.20　后准直器形状

3.3.4 探测效率 MC 刻度的验证实验

在 TGS 探测效率刻度实验中,将 3 个放射源 ^{60}Co、^{137}Cs 和 ^{152}Eu 分别放置在有代表性的体素中心位置上,用 3.3.3 节所述的 HPGe 探测器对源进行探测效率刻度测量。

实验时,放射源安放在有机玻璃支架上,插在专门设计的样品平台上的小孔里。根据源所在层数和位置不同,用长度相差 5cm 的 3 个有机玻璃支架分别放在不同位置,代表了 3 层不同体素的中心位置,对应了 3×3×3 的各个体素的中心位置,构造了 TGS 透射测量体素组成模型。移动有机玻璃支架的位置,对应于放射源在不同的体素。探测器位于不同的平移位置(编号如图 3.21 所示),顺时针分别旋转样品台 4 个角度 0°、45°、90°、135°。通过扫描测量,可以得到源对探测器各个不同探测位置的探测效率。

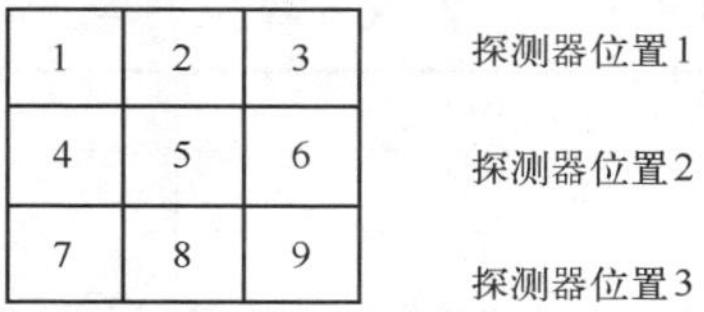

1	2	3	探测器位置1
4	5	6	探测器位置2
7	8	9	探测器位置3

图 3.21 TGS 效率实验探测器位置示意图

实验所用放射源的参数列于表 3.7。

表 3.7 TGS 探测效率实验所用放射源的参数

核素	半衰期/天	能量/keV	分支比	放射性活度/kBq
Cs-137	11020	661.66	0.851	69.1
Co-60	1925.5	1173.24	0.99974	41.9
		1332.5	0.99986	
Eu-152	4940	39.9	0.59	62.6
		45.4	0.148	
		121.78	0.2837	
		244.7	0.0753	
		344.28	0.2657	
		443.98	0.03125	
		778.9	0.1297	
		867.39	0.04214	
		964.13	0.1463	
		1112.12	0.1354	
		1212.95	0.01412	
		1299.12	0.01626	
		1408.01	0.2085	

3.3.5　TGS 探测效率刻度的实验结果

TGS 探测器对放射源 ^{60}Co 探测效率进行了刻度实验。刻度实验的 γ 能谱数据用 Gammavision32 能谱处理软件进行了处理。处理后的数据列于表 3.8。这些数据再用放射源活度的标准值和核素的分支比进行计算。计算后的探测效率刻度实验值列于表 3.9。表 3.10 列出了 HPGe 探测器对 ^{60}Co 放射源，γ 能量为 1.332MeV 探测效率刻度的实验值和 MC 模拟探测效率刻度测量的计算值，并将两个值进行比较。从表 3.11 比较结果看，两个值在误差±5%的范围内符合，而且误差偏向一个方向，这是由于实验所用的放射源是一个直径为 4mm 的面源，而计算时放射源是一个点源。表 3.11 和表 3.12 列出了 HPGe 探测器对 ^{137}Cs 放射源与对 ^{152}Eu 放射源的探测效率刻度的实验值。

表 3.8　放射源 ^{60}Co 峰位的净计数率

源位	γ 能量/keV	净计数率/s^{-1}
Sa5221	1173	7.7
	1332	6.9
Sa1221	1173	5.8
	1332	5.2
Sa6221	1173	9.9
	1332	8.9
Sa4221	1173	6.1
	1332	5.4
Sa2221	1173	7.0
	1332	6.4
Sa3221	1173	8.5
	1332	7.6
Sa1222	1173	4.7
	1332	4.3
Sa2222	1173	8.9
	1332	8.0
Sa7222	1173	5.6
	1332	5.0
Sa2122	1173	5.5
	1332	5.0

续表

源位	γ 能量/keV	净计数率/s^{-1}
Sa3122	1173	10.4
	1332	9.3
Sa5122	1173	7.3
	1332	6.6
Sa1121	1173	4.0
	1332	3.6
Sa3121	1173	3.8
	1332	3.5
Sa6121	1173	9.3
	1332	8.4
Sb1321	1173	1.4
	1332	1.3
Sb3321	1173	0.2
	1332	0.3
Sc8112	1173	3.8
	1332	3.4

注：Sa****表示放射源在第一层；Sb****表示放射源在第二层；Sc****表示放射源在第三层。
源位 SABCD 说明：
A：源位编号（1,2,3,…,9）；
B：探测器所在的层数（1,2,3）；
C：探测器水平扫描位置(1,2,3)；
D：旋转角度(1,2,3,4)。

表 3.9 放射源 ^{60}Co 探测效率实验值

源位	γ 能量/keV	实验效率(10^{-3})
S5221	1173	0.1968
	1332	0.1776
S1221	1173	0.1498
	1332	0.1344
S6221	1173	0.2536
	1332	0.2282
S4221	1173	0.1568
	1332	0.1396

续表

源位	γ能量/keV	实验效率(10^{-3})
S2221	1173	0.1802
	1332	0.1638
S3221	1173	0.2183
	1332	0.196
S1222	1173	0.1202
	1332	0.1096
S2222	1173	0.2299
	1332	0.2068
S7222	1173	0.1434
	1332	0.1289
S2122	1173	0.142
	1332	0.1293
S3122	1173	0.2673
	1332	0.2396
S5122	1173	0.1883
	1332	0.1695
S1121	1173	0.1027
	1332	0.0928
S3121	1173	0.098
	1332	0.0905
S6121	1173	0.2393
	1332	0.2155
S1321	1173	0.0353
	1332	0.033
S3321	1173	0.0061
	1332	0.0067
S8112	1173	0.0973
	1332	0.0883

注：放射源在第一层。

表 3.10 探测效率刻度实验值与 MC 模拟刻度计算值比较

源位	探测效率实验值(10^{-3})	探测效率 MC 计算值(10^{-3})	相对误差/%
S1221	0.1344	0.1407	-4.67
S2221	0.1638	0.1699	-3.72
S3221	0.196	0.2103	-7.29
S4221	0.1396	0.1441	-3.22
S5221	0.1776	0.1833	-3.21
S6221	0.2282	0.2374	-4.07
S1222	0.1096	0.1172	-6.97
S2222	0.2068	0.2149	-3.91
S7222	0.1289	0.1292	-0.24
S3122	0.2396	0.2516	-5.04
S5122	0.1695	0.1745	-2.95
S1121	0.0928	0.0936	-0.91
S3121	0.0905	0.0903	0.26
S6121	0.2155	0.2232	-3.59

注：放射源在第一层 E=1332keV。

表 3.11 放射源 ^{137}Cs 探测效率实验值（Er=661keV）

源位	效率(10^{-3})
S2111	0.3148
S5111	0.3034
S3111	0.412
S7111	0.0916
S3211	0.3929
S4211	0.1582
S6211	0.1557
S1112	0.316
S7112	0.2271
S8112	0.1401
S4212	0.2433
S5212	0.1658
S1312	0.0751

注：放射源在第一层。

表 3.12 放射源 ^{152}Eu 的探测效率实验值

源位	γ 能量/keV	探测效率实验值(10^{-3})
S2111	778.9	0.2747
	1112.12	0.2035
	1408.01	0.1694
S5111	778.9	0.2692
	1112.12	0.1994
	1408.01	0.167
S2211	778.9	0.2674
	1112.12	0.1985
	1408.01	0.1657
S3211	778.9	0.3423
	1112.12	0.2547
	1408.01	0.2116
S4211	778.9	0.1424
	1112.12	0.1074
	1408.01	0.0911
S2112	778.9	0.3279
	1112.12	0.2429
	1408.01	0.2034
S3112	778.9	0.3761
	1112.12	0.2802
	1408.01	0.2341
S7112	778.9	0.1989
	1112.12	0.1481
	1408.01	0.1231

注：放射源在第一层。

3.4 探测效率的无源刻度

探测器系列参数的刻度是 MC 方法在实验物理领域的主要应用之一，主要包括探测器对光子的探测效率、响应函数、能量沉积谱等。MCNP 作为 MC 方法在应用核物理领域的一个大型科学计算程序，忠实地反映了粒子输运的物理过程，可用于解决 HPGe 探测效率刻度问题。

3.4.1 计算方法

本文采用 MCNPX 程序。它是一个多功能的 MC 程序，可用于计算粒子输运问题。在后续的探测效率刻度中主要用到以下两个功能卡：坐标变换（TRn）卡与脉冲高度计数（F8）卡。其中，坐标变换卡主要用于表述建立的模型中辅助坐标系与基本坐标系之间的关系。脉冲高度计数卡主要提供了入射到探测器中的 γ 光子或电子引起的脉冲能量分布，用于脉冲高度计数，与能量间隔（E8 卡）相结合就可以得到 γ 射线的能谱。

3.4.2 TGS 探测效率刻度模型

TGS 探测效率刻度采用 6×6×6 的体素模型，即测量模型共分为 6 层，每层体素数为 6×6，每一体素的几何尺寸为 5cm×5cm×5cm。同时，为了后续计算方便，为体素进行编号。第 1 层体素的编号为 1～36，下一层与上一层之间编号相差 36，依次类推，如图 3.22 所示。

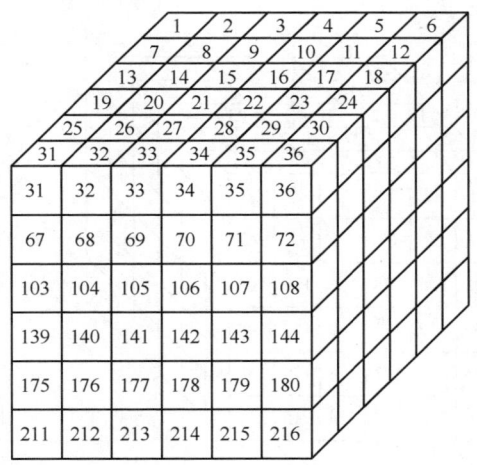

图 3.22 体素划分模型

在 TGS 连续扫描模式下，探测器在每一层进行平移扫描的同时，样品进行旋转。设定探测器从样品一侧扫描经另一侧回到起始位置的同时，样品旋转一周，即完成了一层样品的扫描测量。以第 1 层为例，如图 3.23 所示。

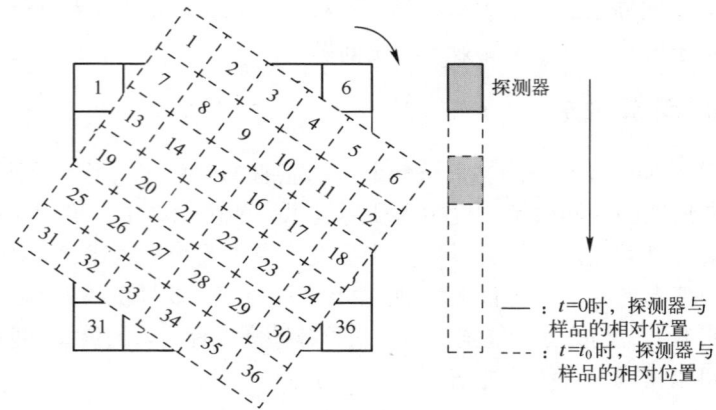

图 3.23　探测器扫描模式示意图

以样品中心点为坐标原点,透射源与探测器连线为 Y 轴,探测器运动方向为 X 轴,建立如图 3.24 所示的三维坐标系。

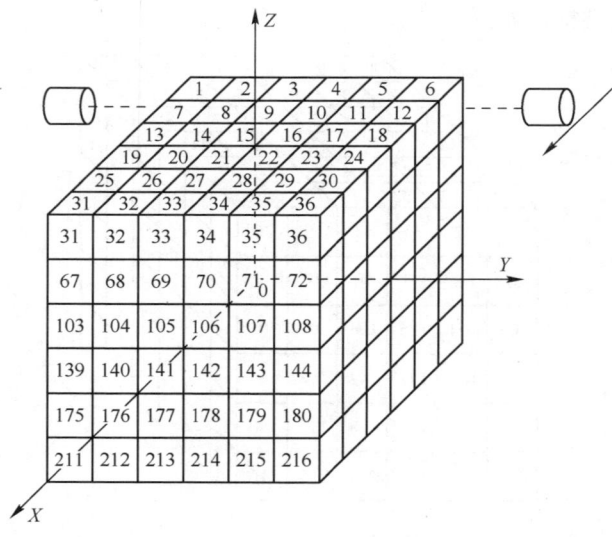

图 3.24　坐标系位置示意图

图 3.24 实际上也是 $t=0$ 时,探测器与样品之间的位置示意图。表 3.13 所列为 $t=0$ 时第 1 层体素中心点的位置坐标。

表 3.13 $t=0$ 时第 1 层体素中心点坐标

体素号	坐标（X,Y,Z）	体素号	坐标（X,Y,Z）
1	(−12.5,−12.5,12.5)	19	(2.5,−12.5,12.5)
2	(−12.5,−7.5,12.5)	20	(2.5,−7.5,12.5)
3	(−12.5,−2.5,12.5)	21	(2.5,−2.5,12.5)
4	(−12.5,2.5,12.5)	22	(2.5,2.5,12.5)
5	(−12.5,7.5,12.5)	23	(2.5,7.5,12.5)
6	(−12.5,12.5,12.5)	24	(2.5,12.5,12.5)
7	(−7.5,−12.5,12.5)	25	(7.5,−12.5,12.5)
8	(−7.5,−7.5,12.5)	26	(7.5,−7.5,12.5)
9	(−7.5,−2.5,12.5)	27	(7.5,−2.5,12.5)
10	(−7.5,2.5,12.5)	28	(7.5,2.5,12.5)
11	(−7.5,7.5,12.5)	29	(7.5,7.5,12.5)
12	(−7.5,12.5,12.5)	30	(7.5,12.5,12.5)
13	(2.5,−12.5,12.5)	31	(12.5,−12.5,12.5)
14	(2.5,−7.5,12.5)	32	(12.5,−7.5,12.5)
15	(2.5,−2.5,12.5)	33	(12.5,−2.5,12.5)
16	(2.5,2.5,12.5)	34	(12.5,2.5,12.5)
17	(2.5,7.5,12.5)	35	(12.5,7.5,12.5)
18	(2.5,12.5,12.5)	36	(12.5,12.5,12.5)

为了使探测效率刻度尽可能准确，探测器模型的建立借鉴了中国原子能科学研究院核保障室建立的 TGS 测量装置，HPGe 探测器型号是 GR3019。其详细结构参数在表 3.14 中列出。

表 3.14 HPGe 探测器的结构参数

序号	项目	尺寸/cm
1	Ge 晶柱体	ϕ5.55×5.55
2	冷指井	ϕ1.00×3.95
3	Ge 外死层厚	0.03
4	入射窗厚（铍）	0.05
5	内端帽厚（铍）	0.05
6	晶体表面到窗的距离	0.50
7	晶体前表面到后准直器前表面距离	21.1

探测器的准直孔是一个左右各切掉了一个小角的正方形，对角线长 7.9cm。根据表 3.14 中 HPGe 探测器结构参数构建探测器模型，如图 3.25 所示。

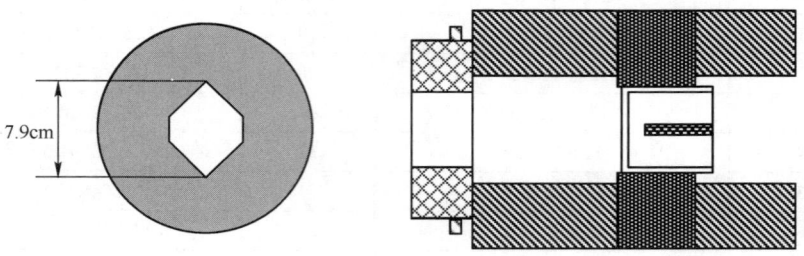

图 3.25　HPGe 探测器系统模型

根据上面所建立的探测器系统与样品体素模型，在图 3.24 建立的三维坐标系中建立 MCNP 模型。图 3.26 为其在 *XOY* 面内的二维投影。

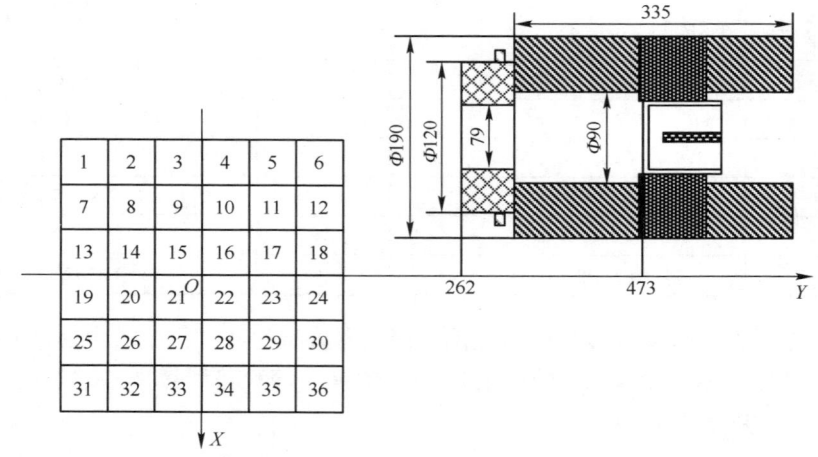

图 3.26　MCNP 模型在二维平面投影图

在上面建立的 MCNP 模型的基础上，就可以利用 MCNPX 对探测效率进行刻度。源的参数设定：体素设为点源，粒子出射方向为各向同性，γ 射线能量单一。获得能谱后，运用式（3-1-6）即可获得探测效率矩阵 ***E***。

虽然采用 MC 刻度的方法能够很好地完成探测效率刻度的整个过程，但是运算量非常大。以 6×6×6 的模型为例，在发射测量过程中，每层进行 54 次数据获取，即每层发射测量时，要获取 54 个 γ 能谱。样品共有体素 216 个，而每次数据获取过程中，要对一次数据获取时段内等间隔选取 10 个时刻，分别计算每个时刻的效率，这样一共需刻度 54×216×10×6=699840 次。按每次刻度需要

10min，那么，整个刻度过程需要 116640h，消耗时间非常长。因此，需要采用适当的技巧来缩短 MC 刻度时间。

（1）采用 MCNP 角度的偏倚抽样。由于 HPGe 探测器准直器的屏蔽效果，探测器并不能探测到所有的体素，采用 MCNP 角度的偏倚抽样，可以将各体素发射的粒子限制在以 HPGe 探测器晶体中心轴为对称轴一个很小的角度范围内。

由图 3.27 可以看出，经过准直器准直之后的入射角满足

$$\theta \leqslant 2\arccos\left(\frac{211}{\sqrt{211^2+(79/2+55.5/2)^2}}\right)=0.6171\approx 35° \quad (3\text{-}4\text{-}1)$$

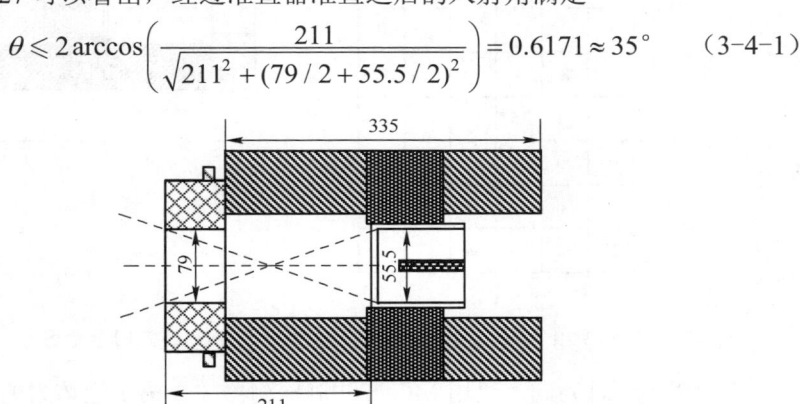

图 3.27　HPGe 探测器的部分几何尺寸

将图 3.26 中涉及的几何尺寸转化为数学模型，如图 3.28 所示。

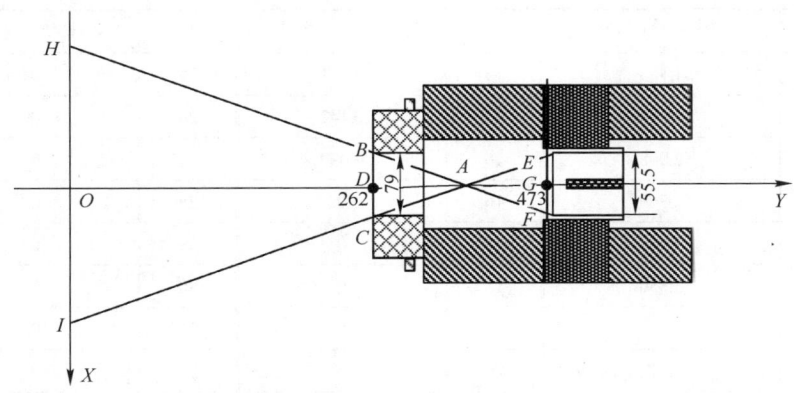

图 3.28　探测器几何尺寸数学模型

在图 3.28 中，△ABC∽△AHI∽△AEF，其中 BC=79，EF=55.5，OG=473，OD=262，∠BAC = 35°，根据数学知识可以得出：HI=246。图 3.29 为 t=0 时刻

体素发射的射线能被探测到的范围示意图。

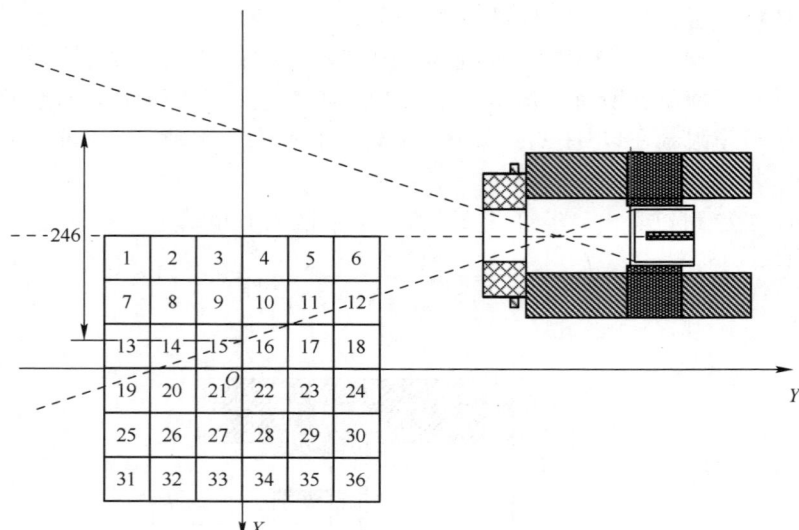

图 3.29 $t=0$ 时刻体素发射的射线被探测到的范围示意图

下面以 $t=0$ 时为例，运用 MC 方法对探测器关于第 1 层体素的探测效率进行刻度。射线为 ^{137}Cs 源的 661.61keV 特征 γ 射线。表 3.15 为探测效率无源刻度结果。

表 3.15 $t=0$ 时第 1 层体素位置处的探测效率

编号	探测效率（10^{-4}）	编号	探测效率（10^{-4}）	编号	探测效率（10^{-4}）
1	1.403	13	0.211	25	0
2	1.692	14	0.142	26	0
3	2.008	15	0.022	27	0
4	2.369	16	0	28	0
5	3.017	17	0	29	0
6	3.856	18	0	30	0
7	1.142	19	0	31	0
8	1.322	20	0	32	0
9	1.425	21	0	33	0
10	1.492	22	0	34	0
11	1.425	23	0	35	0
12	1.200	24	0	36	0

从表 3.15 可以看出，通过数学模型计算的结果与 MC 模拟的结果相吻合。经过准直器准直以后的入射角 θ 满足 $\theta \leqslant 35°$ 是合理的。

（2）利用空间对称性减少效率刻度次数。通常情况下，TGS 装置中所采用的 HPGe 探测器为 P 型同轴探测器，同时，许多体素与探测器之间的位置关系也具有空间对称性。在此情况下，可以通过对称关系大幅度减少效率刻度的次数。

例如，探测器在第 1 层时关于第 2 层各个体素的探测效率与探测器在第 2 层时关于第 1 层各个体素的探测效率具有空间对称性，同时，探测器在第 2 层时关于第 1 层各个体素的探测效率与关于第 3 层各个体素的探测效率之间也具有空间对称性。

设定 E_1、E_2、E_3、E_4、E_5、E_6 为探测器在第 1 层时关于第 1 层~第 6 层体素的探测效率矩阵。那么，根据空间对称性，就可以表示出探测器在其他层时关于各层体素的探测效率矩阵，如表 3.16 所列。

表 3.16 探测效率空间对称性对应关系

探测器＼体素	第 1 层	第 2 层	第 3 层	第 4 层	第 5 层	第 6 层
第 1 层	E_1	E_2	E_3	E_4	E_5	E_6
第 2 层	E_2	E_1	E_2	E_3	E_4	E_5
第 3 层	E_3	E_2	E_1	E_2	E_3	E_4
第 4 层	E_4	E_3	E_2	E_1	E_2	E_3
第 5 层	E_5	E_4	E_3	E_2	E_1	E_2
第 6 层	E_6	E_5	E_4	E_3	E_2	E_1

3.4.3 实验验证

为了检验本章建立的衰减校正效率矩阵获取方法的正确性，模拟实验中所采用的介质分布为：由上到下，第 1 层为空气，第 2 层为空气，第 3 层为空气，第 4 层为空气，第 5 层为空气，第 6 层如图 3.30 所示。其中放射源置于木材小块中心处。

各介质的线衰减系数、密度如表 3.17 所列。

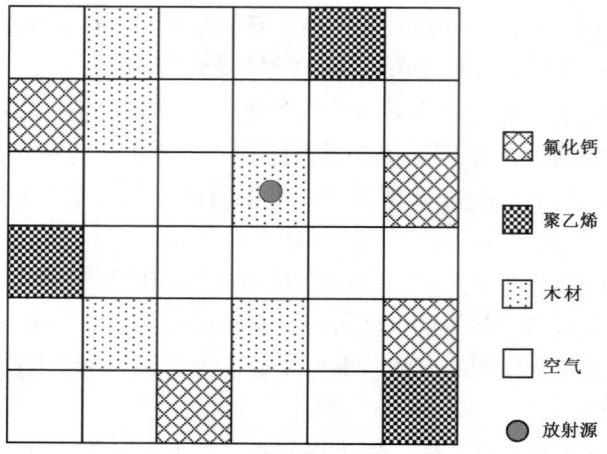

图 3.30　第 6 层样品分布图

表 3.17　介质的线衰减系数与密度

介质	密度/（g/cm³）	线衰减系数/cm^{-1}
氟化钙	1.2	0.154
聚乙烯	1.0	0.139
木材	0.5	0.060
空气	0.00129	0.0001

对于样品为 6×6×6 的模型，探测器在每次测量时，共进行 54 次数据获取。在每次数据获取中等间隔选取 10 个时刻，运用数值计算的方式得到衰减校正因子 A_{ij}，运用 MC 模拟的方法计算在无介质存在的情况下，探测器的探测效率矩阵元 E_{ij}，根据式（2-2-6）即可计算得到衰减校正效率矩阵元 F_{ij}。表 3.18 列出了第 10～19 次数据获取时衰减校正效率矩阵元 F_{ij} 模拟值与计算值的对比结果。

表 3.18　衰减校正效率矩阵元 F_{ij} 实验值与计算值的对比

次数	计算值（10^{-4}）	实验值（10^{-4}）	相对偏差
10	1.49	1.49	−0.01%
11	1.00	0.99	1.01%
12	2.56	2.60	−1.54%
13	2.40	2.35	2.12%
14	2.16	2.20	−1.81%

续表

次数	计算值 (10^{-4})	实验值 (10^{-4})	相对偏差
15	2.80	2.88	−2.78%
16	1.66	1.61	3.11%
17	1.06	1.09	−2.75%
18	1.18	1.20	−1.67%
19	1.05	1.02	2.94%

通过表 3.18 可以看出，在连续扫描模式下，通过上述方法获得的衰减校正效率矩阵 F 与实验值偏差在 5%以内，吻合比较好。这说明该分析方法是合理的。

第4章 透射图像重建技术

4.1 透射图像重建算法概述

人工神经网络是在现代神经学研究成果的基础上发展起来的，至今已有60多年的历史，是近年来得到迅速发展的一个前沿热点课题。神经网络由于其大规模并行处理、很强的鲁棒性和容错性、自组织和自适应性与联想记忆功能的特点，提供了人们信息处理的一种新的手段。它已成为解决很多问题的有力工具，广泛应用于模式识别、信号处理等许多领域。人工神经元是生物神经元特性及功能的数学抽象。神经网络通常是指由大量简单的人工神经元互连而构成的一种网络系统。虽然不是人脑神经系统的逼真复制，但在很大程度上可以模拟生物神经系统的工作过程。它可以完成学习、记忆、识别和推理等功能，从而具备了解决实际问题的能力。自从1943年，心理学家Mc Culloch和数学家Pitts合作提出形式神经元的数学模型，即MP模型以后，目前实际应用的人工神经网络模型有几十种之多。下面阐述神经的结构、模型及神经网络的基本原理和算法。

1. 神经元的结构功能

神经元是一个多输入、单输出的运算系统，输入状态矢量为

$$(x_1, x_2, \cdots, x_n)$$

图4.1中，θ_i 为阈值，W_{ij} 为从输入 x_j 到神经元 i 的连接权值。

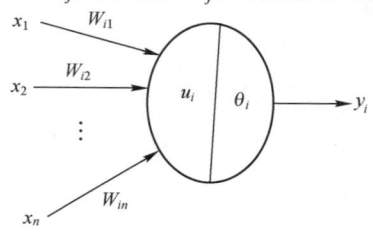

图 4.1 神经元结构模型

神经元本身是一个作用算符，作用于输入量，产生一个输出量，数学表示为

$$\begin{cases} u_i = \sum_{j=1}^{n} w_{ij} x_j - \theta_i \\ y_i = f(u_i) \end{cases} \quad (4\text{-}1\text{-}1)$$

式中：$f(u_i)$为传递函数，常见形式为 S 型函数，并且

$$f(x) = \frac{1}{1 + e^{-x}} \quad (4\text{-}1\text{-}2)$$

人工神经元的信息处理过程分为 3 个部分。首先完成输入信息与神经元连接强度的内积运算，然后将其结果通过传递函数，再经过阈值函数判决。如果输出值大于阈值，则该神经元被激活，否则处于抑制状态。在这种方式下，人工神经元与生物神经元的工作方式非常类似。

2．多层神经网络

三层神经网是常见的典型多层神经网络。目前，在神经网络的实际应用中，绝大部分神经网络模型是采用 BP 网络和它的变化形式，它是前向神经网络的核心，并体现了人工神经网络最精华的部分。下面我们通过阐述 BP 网络，说明多层神经网络的基本原理。

三层前向神经网络结构如图 4.2 所示。

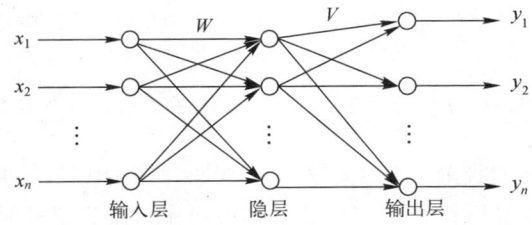

图 4.2　三层前向神经网络

BP 算法的学习过程是由正向传播和反向传播两部分组成的。在正向传播过程中，输入模式从输入层经过隐层神经元的处理后，传向输出层。每一层神经元的状态只影响下一层神经元状态。如果在输出层得不到期望的输出，则转入反向传播，此时，误差信号从输出层向输入层传播并沿途调整各层间连接数值和阈值，以使误差不断减小，直到满足精度要求。该算法实际上是求误差函数的极小值。它是通过多个样本的反复训练，并采用最快下降法使得权重沿着误差函数负梯度方向改变，并收敛于最小点。

（1）正向传播过程。

输入层：单元 i 的输出值 O_i，等于其输入值 x_i。

隐层：对于第 j 个隐单元，其输入值 net_j 为其前一层各单元的输出值 O_i 的

加权和，即

$$\text{net}_j = \sum_i w_{ji} O_i + \theta_i \quad (4\text{-}1\text{-}3)$$

输入值：

$$a_j = f(\text{net}_j) \quad (4\text{-}1\text{-}4)$$

式中：f 为 Sigmoid 函数。

输出层：

$$y_k = f\left(\sum_j v_{kj} a_j - \theta_k\right) = f(\text{net}_k) \quad (4\text{-}1\text{-}5)$$

（2）反向传播过程。

误差函数：

$$E_P = \frac{1}{2}\sum_k (t_k - y_k)^2 \quad (4\text{-}1\text{-}6)$$

式中：t_k 为输出节点的期望输出；y_k 为输出节点的计算输出。

权值调整：

$$\Delta v_{kj} = -\eta \frac{\partial E_p}{\partial V_{kj}} = \eta \delta_k a_j \qquad \delta_k = (t_k - y_k)f'(\text{net}_k) \quad (4\text{-}1\text{-}7)$$

$$\Delta w_{ji} = -\eta \frac{\partial E_p}{\partial w_{ji}} = \eta \delta_k x_j \qquad \delta_j = f'(\text{net}_j)\sum_k \delta_k v_{kj} \quad (4\text{-}1\text{-}8)$$

为了加快网络的收敛，避免陷入局部极小，对 BP 算法进行了许多改进。

理论证明，神经网络可以在任意的精度范围内逼近某一特定的输入输出模式或函数形式。

4.2 基于神经网络的透射图像重建技术

4.2.1 神经网络法重建 TGS 透射图像原理

在 2.2 节描述的 TGS 透射测量方程式（2-2-1）只是在假定探测器是点探测器、透射源是点源的理想条件下才严格成立。实际的 TGS 装置，探测器和透射源都不是一个点，而是有一定几何尺寸，探测器对透射源有一个立体张角，探测器记录到 γ 射线是分布在所张的立体角内。实际的 TGS 透射扫描测量问题，是一个非线性问题。用线性方程来解实际测量问题（特别是重介质），将引起很大的误差，因为该线性方程不能严格准确地描述一组线衰减系数和其投影值的对应关系。实际上，严格用数学表达式十分准确地描述实际 TGS 透射测量过程是很困难的。但对于特定的 TGS 装置，在一定的扫描测量方式下，如果有一组 μ_k 有一个对应的 $V_i(\mu_k \rightarrow V_i)$，利用计算机模拟仿真方法，可以在计算机上模拟许许多多这样的实验，得到许多组相互对应的 $\mu_k \rightarrow V_i$ 值。虽然在 TGS 透射测量中，不知道 μ 值的分布，但通过计算机模拟实验，实际上，能够积累大量关于 $\mu_k \rightarrow V_i$ 对应关系的"知识"和"经验"。根据积累的"知识"和"经验"，能够识别未知 μ_k 的分布模式。从人工智能的角度看，TGS 透射测量问题可以看成模式识别的问题，这种模式识别问题可以用正在蓬勃发展的人工神经网络法很好地解决。因此，本研究工作针对 TGS 透射测量的特点提出了用神经网络法重建 TGS 透射图像。

TGS 扫描透射测量重建介质线衰减系数问题，之所以看成模式识别问题，是因为在 TGS 扫描透射测量中，当 TGS 装置的探测器和透射源的立体角一定时，某一能量的 γ 射线穿过样品介质的透射率与样品介质线衰减系数 μ 值的分布有一一对应的映射关系，即

$$V_i = f(\mu_k) \tag{4-2-1}$$

式中：V_i、μ_k 的含义和前面说过的一样。V_i 和 μ_k 之间虽然有一一对应的关系，但函数 $f(\mu_k)$ 的具体表达式无法严格得到。因此，在这个意义上讲，无法从测量得到的透射率来重建线衰减系数的分布值。神经网络法恰好能够很好地解决类似的模式识别和函数逼近问题。它能把空间内不"透明"的函数映射，近似成连续的函数映射，将 V_i 和 μ_k 的对应关系，通过神经元权值和传递函数，储存于神经网络，从而实现 TGS 透射图像的重建。

本工作用三层神经网络重建 TGS 透射图像。输入层的输入量对应 TGS 透射测量得到透射率或 V 值。隐层的作用相当于输入层的特征存储器。它记录了某种输入模式的特征，TGS 透射测量中，输入 V_i 和 μ_k 为一一对应的映射关系。神经网络本身可以说是对这种映射函数形式的结构化模拟，而不需要知道这种函数的具体代数形式。输出量为 TGS 透射图像线衰减系数。

用神经网络重建 TGS 透射图像与用神经网络解决其他问题一样，分为如下两个阶段。

（1）学习阶段（图 4.3）。在选择网络模型和学习规则后，根据已知的输入输出学习数据，通过学习规则确定神经网络的权数。这个阶段的输入是学习数据中的输入数据，通过人工神经网络的输出与学习数据中的理想数据的比较，确定神经网络的权数。

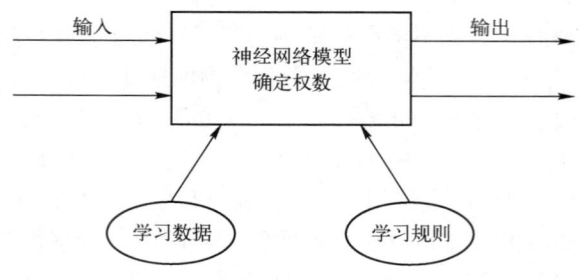

图 4.3　学习阶段

（2）工作阶段（图 4.4）。根据第一阶段确定的网络模型和得到的权数，在输入实际问题的输入数据后，给出一个结论。

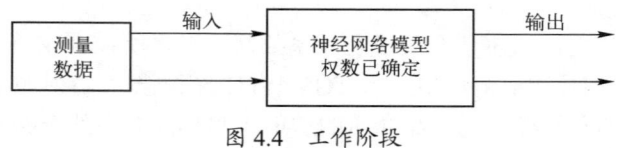

图 4.4　工作阶段

4.2.2　神经网络重建 TGS 透射图像的实现

神经网络重建 TGS 透射图像的步骤如下。

第一步：研究和设计 TGS 透射测量模型以及合适的神经网络模型。

第二步：用 MC 方法模拟得到学习样本（P_i, μ_j）。

第三步：用学习样本训练神经网络，得到神经网络参数。

第四步：将 TGS 透射测量数据 P 值作为已训练好的神经网络的输入值，通过神经网络，得到输出值 μ，实现 TGS 透射图像的重建。

1）TGS 透射测量模型

TGS 测量样品模型如图 4.5 所示，样品由 9 个体素组成，编号为 1，2，…，9，体素的线衰减系数分别为 μ_1，μ_2，…，μ_9。透射扫描时，在水平方向，取 N 个位置，每个位置转 M 个角度，对于每一组 μ（9 个值），扫描测量得到与之对应的一组 V 值（$N \times M$ 个值，且必须大于 9）。

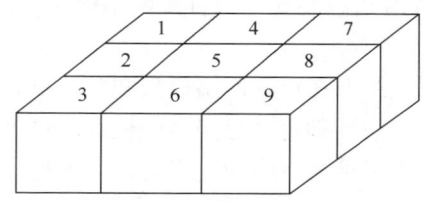

图 4.5　透射 TGS 样品模型

2）径向基神经网络模型

本工作采用 RBF 神经网络，重建 TGS 透射图像。

径向基函数神经网络由 3 层组成，其结构如图 4.6 所示。输入层节点传递输入信号到隐层。隐层节点的传递函数为径向基函数，输出层节点通常是线性函数。

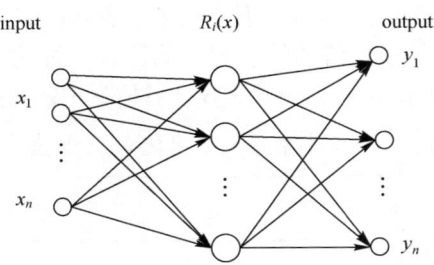

图 4.6　径向基函数神经网络

径向基函数都是径向对称的，常用的是高斯函数为

$$R_i = \exp\left[-\frac{\|x - c_i\|}{2\sigma_i^2}\right] \qquad i = 1, 2, \cdots, m \qquad (4\text{-}2\text{-}2)$$

式中：x 是 n 维输入矢量；c_i 是第 i 个基函数的中心，与 x 具有相同维数的矢量；σ_i 是第 i 个感知的变量；m 是感知单元的个数；$\|x - c_i\|$ 是矢量 x-c_i 的范数，通常表示 x 和 c_i 之间的距离。

输入层实现从 $x \to R_i(x)$ 的非线性映射，输出层实现从 $R_i(x)$ 到 y_k 的线性映射，即

$$y_k = \sum_{i=1}^{m} w_{ik} R_i(x) \qquad k = 1, 2, \cdots, p \qquad (4\text{-}2\text{-}3)$$

其连接权的学习修正可采用 BP 算法。

3）RBF 神经网络重建 TGS 透射模型的线衰减系数

径向基函数神经网络属于有监督的学习网络。要使网络具有解决问题的能力，首先要有大量有代表性的学习样本训练网络。本工作研究每个体素的线衰减系数 μ 是 0.1 或者 0.2 的情况。9 个体素共有 2^9 种组合作为 μ 值分布的样本。然后用 MC 模拟计算得到每一种 μ 分布所对应的透射率（或者是 v）。这样总共得到 512 组样本。

构造的 RBF 神经网络输入层 10 个神经元，对应 10 个透射率。输出层 9 个神经元，对应 9 个体素的线衰减系数 μ 值。用得到的 512 组样本对所构造的 RBF

神经网络进行训练。对于训练好的 RBF 神经网络，用 1000 多组模拟仿真计算方案进行 μ 值重建计算。重建计算时，对每个计算方案，首先在 9 个体素内预置了 μ 值（如 μ 值的范围取为 $0.1<\mu<0.2$），然后用 MC 方法模拟 TGS 透射测量，得到该 μ 值分布情况下的透射率。将此透射率作为训练好的 RBF 神经网络的输入。通过该 RBF 神经网络，在输出层便得到了 μ 值的神经网络重建值。1000 多组模拟仿真计算方案的部分重建结果与预置值列于表 4.1。图 4.7、图 4.8 表示用 RBF 神经网络重建的 μ 值与预置值的偏差随不同位置体素的分布情况。从表 4.1 和图 4.7、图 4.8 可以看到，神经网络法重建计算值与预置的 μ 值相对偏差小于 3%。

表 4.1 线衰减系数 μ 重建值与预置值的比较

计算方案	体素编号	重建值	预置值	重建 μ 和预置值偏差/%
A	1	0.1199	0.12	0.08
	2	0.1213	0.12	-1.1
	3	0.1188	0.12	1.0
	4	0.1213	0.12	-1.1
	5	0.1172	0.12	2.3
	6	0.1216	0.12	-1.3
	7	0.1188	0.12	1.0
	8	0.1215	0.12	-1.3
	9	0.1197	0.12	0.3
B	1	0.1396	0.14	0.3
	2	0.1418	0.14	-1.6
	3	0.1385	0.14	1.1
	4	0.1219	0.12	-1.3
	5	0.1165	0.12	2.9
	6	0.1216	0.12	-1.4
	7	0.1384	0.14	1.1
	8	0.1217	0.12	1.3
	9	0.1399	0.14	0.07
C	1	0.1600	0.16	0.01
	2	0.1620	0.16	-1.4
	3	0.1381	0.14	1.4
	4	0.1419	0.14	-1.3
	5	0.1357	0.14	3.1
	6	0.1624	0.16	-1.5
	7	0.1381	0.14	1.4
	8	0.1624	0.16	-1.5
	9	0.1395	0.14	0.4

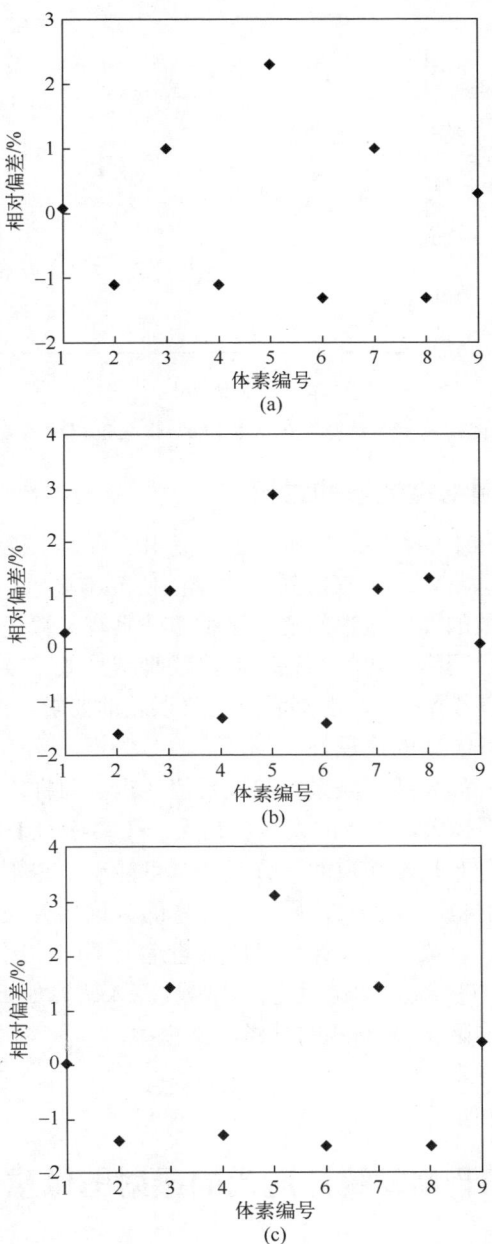

图 4.7 三组分布 μ 的重建值的相对偏差随体素的变化

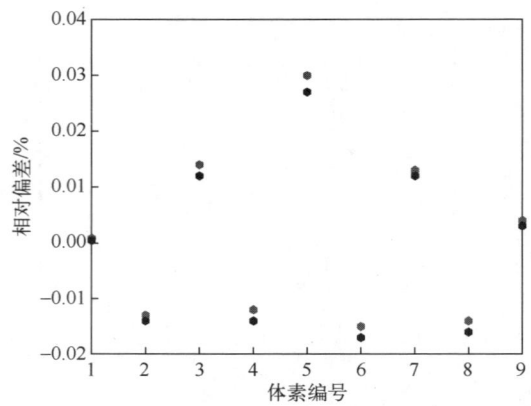

图 4.8　RBF 神经网络重建的 512 组 μ 与设置值相对偏差分布图

4.2.3　神经网络重建法的讨论

针对人工神经网络的特点，本研究工作提出了将人工神经网络应用于 TGS 透射图像重建的新思路。从对 TGS 透射模型的研究结果看，径向基神经网络适合于解决线衰减系数的图像重建问题，这种方法具有计算速度快，重建计算的误差小等特点。神经网络重建的结果表明，线衰减系数在较小的范围内，重建的线衰减系数的误差小于 3%，能够满足重建误差的要求，这种方法为 TGS 技术的研究和发展开辟了新的途径。

在研究中发现，如果线衰减系数的设置值超出学习样本的值，重建值误差将很大。超出的范围越大，重建的误差就越大。在实际的 TGS 透射问题中，样品中线衰减系数的分布是不知道的，分布范围可能小，也可能很大。在这种情况下，若学习样本的范围要扩大，则学习样本的数量将会大大增加，学习的时间相应可能会很长，以致于现在计算机的容量远远不够。因此，要想使神经网络重建法解决实际 TGS 透射图像重建，还需要深入研究如下几个问题。

（1）构造适合实际 TGS 问题的神经网络模型。
（2）优化学习样本。
（3）减小训练和工作时间。

4.3　基于 MC 统计迭代的透射图像重建技术

4.3.1　MC 统计迭代算法重建 TGS 透射图像原理

1）MC 统计迭代算法的物理模式和数学模型

对于探测器有一定尺寸的实际的 TGS 系统，根据 MC 统计理论，考虑探测

效率的情况下，一般的 TGS 透射测量方程为

$$P_i = \frac{1}{\sum_{k=1}^{N_0} \varepsilon_k} \sum_{k=1}^{N_0} \left[\varepsilon_k \exp\left(\sum_{j=1}^{n} (-x_{ijk} \mu_j) \right) \right] \quad (4\text{-}3\text{-}1)$$

式中：P_i 是探测器在第 i 个测量位置的透射率；μ_j 是第 j 个体素介质的线衰减系数；x_{ijk} 是探测器在第 i 个测量位置，第 k 条 γ 射线穿过第 j 个体素的径迹长度；ε_k 是探测器对第 k 条 γ 射线的绝对探测效率；N_0 是透射源对探测器所张立体角内发射的 γ 射线的数目。

上述式子是一个非线性方程，无法求解。

对于 TGS 透射测量，如果将某一个测量位置探测器测到所张立体角内所有 γ 射线穿越空间所有体素介质的透射率，等效为一个 γ 光子穿过所有体素介质的透射率，则一般的 TGS 透射测量方程可以表述为

$$V_i = \sum_{j=1}^{n} T_{ij}^* \mu_j \quad (4\text{-}3\text{-}2)$$

式中：$V_i = -\ln(P_i)$ 是第 i 个测量位置透射率的负对数；T_{ij}^* 是第 i 个测量位置，等效 γ 光子穿过第 j 个体素的等效径迹长度。

如果能够找到这个等效 γ 光子，即得到 T_{ij}^*，则通过解方程（4-3-2），就能求得线衰减系数 μ 值。

单独考虑某一个体素 j，当探测器在第 i 个扫描测量位置，穿过体素 j 的所有 γ 射线的衰减等效为一条 γ 射线穿过它的衰减，则所有 γ 射线穿过该体素的等效径迹长度近似为

$$T_{ij} = -\frac{1}{\mu_j} \ln\left[\frac{1}{\sum_{k=1}^{N_0} \varepsilon_k} \sum_{k=1}^{N_0} (\varepsilon_k \exp(-x_{ijk} \mu_j)) \right] \quad (4\text{-}3\text{-}3)$$

式中：T_{ij} 表示探测器在第 i 个测量位置，在探测器对透射源所张立体角内，与穿越第 j 个体素所有 γ 射线透射率相等效的一条 γ 射线穿越第 j 个体素的径迹长度。

一般来说，只考虑单个体素情况下的等效径迹长度 T_{ij} 与 T_{ij}^* 是不相等的。采用 MC 模拟 TGS 透射测量的计算方法，逐步修正 T_{ij}，使 T_{ij} 逐步逼近 T_{ij}^*，最终求得 T_{ij}^*。这样就将非线性方程（4-3-1）的求解转化为线性方程（4-3-2）的求解，从而解决了一般情况下 TGS 透射测量图像重建计算问题。

MC 统计迭代重建透射测量图像计算时，对 TGS 装置的测量系统不作任何

假设或简化，而完全根据装置各部件和各部件之间的实际几何尺寸，用 MC 技术在计算机上模拟 TGS 的透射测量（图 4.9 和图 4.10）。

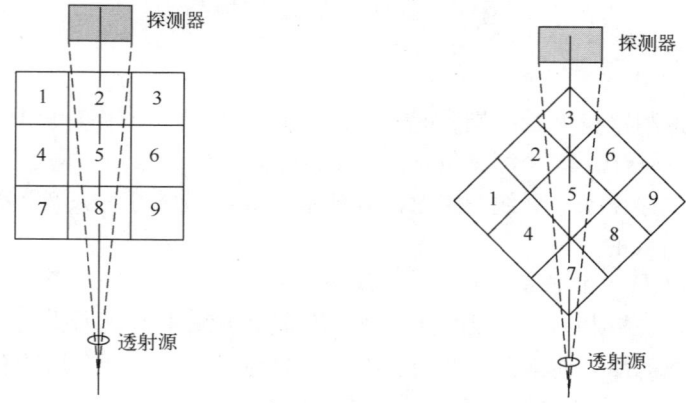

图 4.9　旋转角 0°时射线穿过体素示意图　　图 4.10　旋转角 45°时射线穿过体素示意图

2）MC 模拟 TGS 透射测量计算

用 MC 方法模拟 TGS 透射测量计算时，本工作将透射测量的整个模拟计算过程分为两部分。

第一部分是假定 HPGe 探测器探测端面上各点对同一能量的 γ 射线效率是均匀相等的，然后将探测器探测端面上任取一点与透射源所在位置的几何坐标点连成一条直线。该直线就是透射源的 γ 射线入射到探测器端面那一点在空间经过的路径。该直线在空间穿越样品某一体素时，被体素所截的线段就是这条 γ 射线穿越该体素的径迹长度。探测器对透射源所张立体角内所有 γ 射线穿越样品体素的径迹长度可以用 Cyrus-Beck 数值计算法计算得到。

第二部分是考虑 HPGe 探测器探测端面 γ 效率响应函数不均匀的问题。这个问题是根据 TGS 装置的实际的几何尺寸和 HPGe 探测器的内部结构，用 MC 模拟扫描平台上没有样品情况的透射测量，计算出所用 HPGe 探测器对 γ 射线的二维空间效率分布，即效率函数。

第三部分是将 HPGe 探测器的二维空间分布函数和 Cyrus-Beck 法计算得到的 γ 射线穿越体素的径迹长度结合起来，根据表达式（4-3-1）得到每个测量位置的透射率。

3）γ 射线穿越体素径迹长度的计算

由式（4-3-1）可以看到，γ 射线穿过介质体素的径迹长度是 MC 法描述透射测量问题的重要参数之一。对 TGS 透射测量的模式，由于探测器对透射源所张立体角是一个圆锥形发散角，要求圆锥角内各条 γ 射线穿越各体素的径迹长度比较复杂。本研究工作采用计算机图形学中对任意三维凸体截剪直线段的 Cyrus-Beck 算法。

Cyrus-Beck 算法采用法矢量的概念来判定线段上的一点是在裁剪窗口之内、之外还是在它的边界上，如图 4.11 所示。

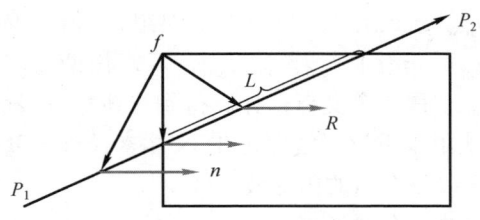

图 4.11　判断一点是否在裁剪窗口图

P_1 到 P_2 的直线段的参数方程为

$$P(t) = P_1 + (P_2 - P_1)t \qquad 0 \leqslant t \leqslant 1 \qquad (4\text{-}3\text{-}4)$$

若 f 是凸区域 R 边界上的一点，而 $\boldsymbol{n}$ 是 R 边界在该点的内法线矢量（不一定要求是单位矢量），则对于线段 P_1P_2 上的任一点 $P(t)$，有

$$\boldsymbol{n} \cdot [P(t) - f] < 0 \qquad (4\text{-}3\text{-}5)$$

$$\boldsymbol{n} \cdot [P(t) - f] = 0 \qquad (4\text{-}3\text{-}6)$$

$$\boldsymbol{n} \cdot [P(t) - f] > 0 \qquad (4\text{-}3\text{-}7)$$

式（4-3-5）表明 $P(t) - f$ 指向 R 的外部。

式（4-3-6）表明 $P(t) - f$ 平行于包含 f 的边界。

式（4-3-7）表明 $P(t) - f$ 指向 R 的内部。

同时也表明：若凸区域 R 是封闭的，则一条无限长的直线与 R 仅有两个交点，而且这两个交点不会在 R 的同一边界面或边上，因此，式（4-3-7）仅有一个解。

求每个边上或面上交点的参数方程为

$$\boldsymbol{n} \cdot [P_1 - f_i] + \boldsymbol{n}_i \cdot [P_2 - P_1]t = 0 \qquad (4\text{-}3\text{-}8)$$

令

$$D = P_2 - P_1 \qquad (4\text{-}3\text{-}9)$$

$$w = P_1 - f_i \qquad (4\text{-}3\text{-}10)$$

则

$$t = -\frac{w_i \cdot \boldsymbol{n}_i}{D \cdot \boldsymbol{n}_i} \qquad i = 1, 2, 3, \cdots \qquad (4\text{-}3\text{-}11)$$

当 $w_i \cdot \boldsymbol{n}_i < 0$ 时，点位于区域或窗口之外。

当 $\boldsymbol{w}_i \cdot \boldsymbol{n}_i$ =0 时，点位于区域或窗口边界上。

当 $\boldsymbol{w}_i \cdot \boldsymbol{n}_i$ >0 时，点位于区域或窗口之内。

若 $t>1$ 或 $t<0$，则抛弃。

若 $0 \leqslant t \leqslant 1$，则 t 可分成两组：一组为下限组，t 值分布于线段起始点一侧，求其中的最大值，$t_{low}=\max(t,0)$；一组为上限组，t 值分布于线段终点一侧，求其中的最小值，$t_{up}=\min(t,1)$。若 $t_{up}>t_{low}$，可求出两线段真正的交点，代入直线方程（4-3-4），求得 2 个交点，计算得到直线穿过裁剪窗口的距离。

Cyrus-Beck 算法用于求解射线穿过 TGS 体素径迹长度的步骤如下。

（1）确定裁剪窗口每个面的内法线。

（2）选择每个面的一个参考点。

（3）求解射线与裁剪窗口的 2 个真正的交点。

（4）计算 2 个交点的距离。

这里列出 TGS 透射测量模型体素的内法线和每个体素每个面的一个参考点。坐标系建在第 5 个体素的中心，方向如图 4.12 所示。

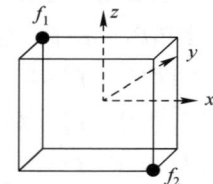

图 4.12　建在第 5 个体素中心的坐标系

体素六表面的内法线为：

后面：n_1=[0　 -1　 0]

前面：n_2=[0　 1　 0]

右面：n_3=[-1　 0　 0]

左面：n_4=[1　 0　 0]

顶面：n_5=[0　 0　 -1]

底面：n_6=[0　 0　 1]

9 个体素参考点 f_1、f_2（图 4.12）为

体素 1：f_1=[-7.5　 7.5　 2.5]　　f_2=[-2.5　 2.5　 -2.5]

体素 2：f_1=[-2.5　 7.5　 2.5]　　f_2=[2.5　 2.5　 -2.5]

体素 3：f_1=[2.5　 7.5　 2.5]　　f_2=[7.5　 2.5　 -2.5]

体素 4：f_1=[-7.5　 2.5　 2.5]　　f_2=[-2.5　 -2.5　 -2.5]

体素 5：f_1=[-2.5　 2.5　 2.5]　　f_2=[2.5　 -2.5　 -2.5]

体素 6：f_1=[-7.5　 -2.5　 2.5]　　f_2=[7.5　 -2.5　 -2.5]

体素 7：f_1=[-7.5 -2.5 2.5] f_2=[-2.5 7.5 -2.5]
体素 8：f_1=[-2.5 -2.5 2.5] f_2=[2.5 -7.5 -2.5]
体素 9：f_1=[2.5 -2.5 2.5] f_2=[7.5 -7.5 -2.5]

4）HPGe 探测器透射测量效率二维空间分布的计算

由 4.3.1 节所述的式（4-3-1）和式（4-3-7）可见，HPGe 探测效率 ε_k 也是透射测量中表述透射率的另一个重要参数。在 MC 加权迭代重建透射测量图像中，首先要有 HPGe 探测效率空间分布值和 Cyrus-Beck 计算法得到的 γ 射线穿越体素的径迹长度，然后才能计算出 TGS 测量中某一能量的 γ 射线对样品的透射率。为此，本工作应用 MCNP4B 程序，计算了 HPGe 探测效率空间分布 ε_k，研究了 HPGe 探测效率的空间分布函数的规律。

（1）计算模型。TGS 测量装置探测效率空间分布 ε_k 的计算模型和 3.3.2 节描述的相同。不同的地方是，源位不是样品体素中心，而是透射源位的中心。

（2）计算方案。由于 HPGe 探测器为轴对称的，计算时，只需考虑探测器横截面半径 R 上的探测效率分布，将半径 R 分为 N 等份，分别计算每个等分点的探测效率，共计算（N+1）个点的探测效率。

工作中计算了放射源 ^{226}Ra 4 个能量 E=1120.29keV、1238.12keV、1377.67keV、1764.46keV HPGe 探测效率空间分布。计算结果分别表示在图 4.13 和图 4.14 中。其中图 4.13 表示 HPGe 探测效率随半径 R 的变化（a、b、c、d 分别对应 ^{226}Ra 源 4 个能量），图 4.14 表示能量为 1120.29keV 对 HPGe 探测效率空间分布。

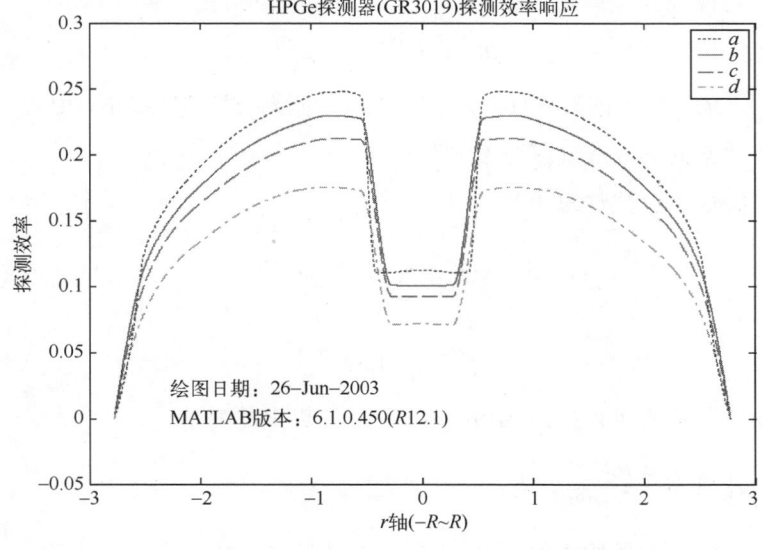

图 4.13 HPGe 探测效率随半径 R 的变化

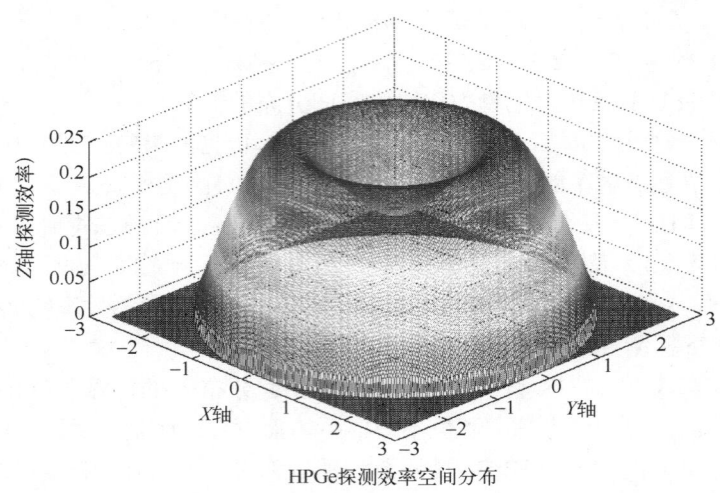

图 4.14　HPGe 探测效率空间分布

4.3.2　MC 统计迭代算法重建 TGS 透射图像的实现

MC 统计迭代重建透射测量图像计算的流程图如图 4.15 所示。计算的具体步骤如下。

（1）对样品各个体素含的介质线衰减系数任意给定一组初始值：

$$\mu_1^{(0)}、\mu_2^{(0)}、\cdots、\mu_n^{(0)}$$

（2）样品每一个体素（如第 j 个），在初始值为 $\mu_j^{(0)}$ 的情况下，用式（4-3-2）计算出该体素的等效线衰减厚度 $T_{ij}^{(0)}$。

（3）按如下公式计算出 $V_{ci}^{(0)}$ 和 $V_{mi}^{(0)}$ 的值：

$$V_{ci}^{(0)} = \sum_{j=1}^{n} T_{ij}^{(0)} \mu_j^{(0)} \tag{4-3-12}$$

$$V_{mi}^{(0)} = -\ln(P_i^{(0)}) \tag{4-3-13}$$

其中 $P_i^{(0)}$ 是式（4-3-1）中 μ_j 为 $\mu_j^{(0)}$ 时计算出的 P_i 值。

（4）计算 $K_i^{(0)} = \dfrac{V_{mi}^{(0)}}{V_{ci}^{(0)}}$，令 $T_{ij}^{*} = K_i^{(0)} T_{ij}^{(0)}$。

（5）将实际测量的透射率 P_i 进行负对数转换：$V_i = -\ln(P_i)$。再将 V_i 和 T_{ij}^{*}

代入透射测量线性方程组（4-3-2），解出 T_{ij}^* 所对应的介质线衰减系数：
$$\mu_1^{(1)}、\mu_2^{(1)}、\mu_3^{(1)}、\cdots、\mu_n^{(1)}$$

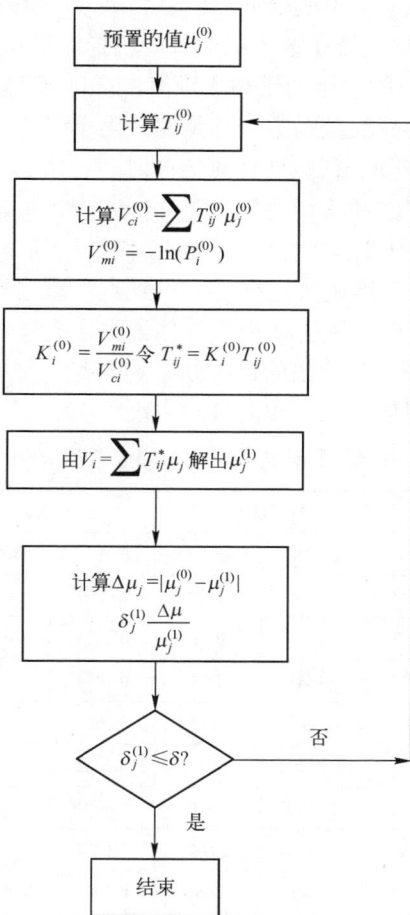

图 4.15 MC 统计迭代计算流程图

（6）计算
$$\frac{\mu_k^{(g)} - \mu_k^{(g-1)}}{\mu_k^g} = \delta_k^{(g)} (k = 1, 2, \cdots, n) \quad (g = 1, 2, \cdots)$$

判断$|\delta_k^{(g)}|$是否小于预置的 δ（如 $\delta=0.1\%$），如果$|\delta_k^{(g)}|<\delta$，迭代结束；如果$|\delta_k^{(g)}|>\delta$，则重复上述步骤（2）继续进行迭代计算。

1）MC 统计迭代重建线衰减系数

在用 MC 统计迭代法重建透射测量线衰减系数时，模型依然采用 3.1.1 节所述的 TGS 模型、扫描方式以及图 3.4 所表示的立体角尺寸，用 3×3×3 个体素组成的样品模式，分 3 层，每层 9 个体素，每个体素尺寸为 5cm×5cm×5cm，每个体素内预置不同衰减系数值的介质。逐层用 MC 方法模拟 TGS 透射扫描测量。按式（4-3-1）计算出探测器在这一层上每个扫描测量点（共 12 个点）测到的透射率。再将这 12 个透射率作为已知测量值，按上一节阐述的 MC 统计迭代重建算法对每个体素内的线衰减系数进行重建。为了研究 MC 统计迭代重建算法的特性，在采用 MC 统计迭代重建计算的同时，也将 LANL 的 Estep 等人所采用的"点到点"重建算法和"平均值"算法一起进行重建计算。表 4.2 是 3 种计算方法的计算结果。从表 4.2 可以看到 MC 统计迭代重建结果与预置值相比，相对偏差小于 1%。计算准确度远好于"点到点"重建算法和"平均值"重建算法。表 4.3 列出的计算结果是对 6×6×6 体素组合模型，用 MC 统计迭代重建方法计算的结果。从表 4.3 列出的计算结果看，对 6×6×6 体素组合模型，MC 统计迭代重建值与预置值相比，相对偏差也小于 1%。

表 4.2 线衰减系数的重建值与预置值比较

层数	体素编号	预置 μ	算法 1		算法 2		算法 3	
			重建值	偏差/%	重建值	偏差/%	重建值	偏差/%
第 1 层	1	0.0603	0.0686	-13.76	0.0603	0.01	0.0603	0.01
	2	0.1433	0.1430	0.21	0.1427	0.42	0.1433	0.01
	3	0.1433	0.1348	5.93	0.1434	-0.07	0.1433	0.01
	4	0.0603	0.0602	0.17	0.0598	0.83	0.0603	0.01
	5	0.0001	0.0007	-600	0.0002	-100	0.0001	0.01
	6	0.0603	0.0603	0.01	0.0601	0.33	0.0603	0.01
	7	0.1433	0.1345	6.14	0.1434	-0.07	0.1433	0.01
	8	0.0603	0.0606	-0.50	0.0602	0.17	0.0603	0.01
	9	0.0001	0.0079	-7800	0.0004	-300	0.0001	0.01
第 2 层	1	0.4041	0.3904	3.39	0.4039	0.05	0.4041	0.01
	2	0.1433	0.1572	-9.70	0.1423	0.70	0.1433	0.01
	3	0.1433	0.1287	10.19	0.1419	0.98	0.1433	0.01
	4	0.0603	0.0744	-23.38	0.0589	2.32	0.0603	0.01
	5	0.4041	0.3543	12.32	0.3995	1.14	0.4041	0.01
	6	0.0603	0.0784	-30.02	0.0634	-5.14	0.0603	0.01
	7	0.1433	0.1285	10.33	0.1427	0.42	0.1433	0.01

续表

层数	体素编号	预置μ	算法1		算法2		算法3	
			重建值	偏差/%	重建值	偏差/%	重建值	偏差/%
第2层	8	0.0603	0.0786	−30.35	0.0629	−4.31	0.0603	0.01
	9	0.0001	0.0181	−18000	0.0040	−3900	0.0001	0.01
第3层	1	0.4041	0.4519	−11.83	0.4543	−12.42	0.4047	−0.15
	2	0.6368	0.6056	4.90	0.5988	5.97	0.6365	0.05
	3	0.6368	0.5984	6.03	0.6070	4.68	0.6363	0.08
	4	0.6368	0.5736	9.92	0.5612	11.87	0.6357	0.17
	5	0.4041	0.3732	7.65	0.3998	1.06	0.4041	0.01
	6	0.0603	0.1275	−111.4	0.1201	−99.17	0.0612	1.49
	7	0.1433	0.1366	4.68	0.1540	−7.47	0.1436	−0.21
	8	0.0603	0.0954	−58.21	0.0824	−36.65	0.0604	−0.17
	9	0.1433	0.0924	35.52	0.0965	32.66	0.1427	0.42

注：1. 算法1为点到点重建算法，算法2为平均径迹长度迭代算法，算法3为MC统计迭代算法；
2. 体素模型为3×3×3。

表4.3 MC统计迭代算法重建值与预置值比较

体素编号	预置值	重建值	重建值和预置值偏差/%
1	0.4041	0.4039	−0.05
2	0.4041	0.4041	0.01
3	0.6368	0.6367	−0.02
4	0.6368	0.6370	0.03
5	0.6368	0.6367	−0.02
6	0.6368	0.6370	0.03
7	0.4041	0.4040	−0.02
8	0.4041	0.4045	0.10
9	0.6368	0.6363	−0.08
10	0.6368	0.6375	0.11
11	0.6368	0.6363	−0.08
12	0.6368	0.6369	0.02
13	0.6368	0.6366	−0.03
14	0.6368	0.6370	0.03

续表

体素编号	预置值	重建值	重建值和预置值偏差/%
15	0.4041	0.4038	−0.07
16	0.4041	0.4045	0.10
17	0.0603	0.0599	−0.66
18	0.0603	0.0606	0.50
19	0.6368	0.6370	0.03
20	0.6368	0.6366	−0.03
21	0.4041	0.4046	0.12
22	0.4041	0.4035	−0.15
23	0.0603	0.0608	0.83
24	0.0603	0.0600	−0.50
25	0.1433	0.1435	0.14
26	0.1433	0.1428	−0.35
27	0.0603	0.0608	0.83
28	0.0603	0.0597	−1.00
29	0.1433	0.1439	0.42
30	0.1433	0.1432	−0.07
31	0.1433	0.1433	0.01
32	0.1433	0.1434	0.07
33	0.0603	0.0603	0.01
34	0.0603	0.0603	0.01
35	0.1433	0.1433	0.01
36	0.1433	0.1432	−0.07

注：体素组成模型：6×6×6。

2）MC 统计迭代重建线衰减系数 μ 值

为了验证 MC 统计迭代重建线衰减系数 μ 值的可靠性，本工作在图 3.17 所示实验装置上，采用 3×3×3 体素组成的样品模型，按图 3.14 所示的几何尺寸，对样品进行透射扫描测量的实验验证。

在实验中，每个体素样品的尺寸均为 5cm×5cm×5cm。每个体素介质分布如图 4.16 所示。其体素的编号与对应的介质如表 4.4 所列。实验中用的透射源为 ^{226}Ra，它的主要 γ 射线能量为 351.85keV、609.25keV、1120.29keV、1238.12keV、1377.6keV、1764.46keV。

透射扫描测量的实验方式如图 4.17 所示。扫描测量时，先选定层数，然后选定水平移动探测器的位置。在选定层数和水平移动位置后，按顺时针旋转 4 个角度（0°，45°，90°，135°）。每层共测 12 个点，测得 12 个透射γ能谱，3 层共测 36 个点，测得 36 个透射γ能谱数据。

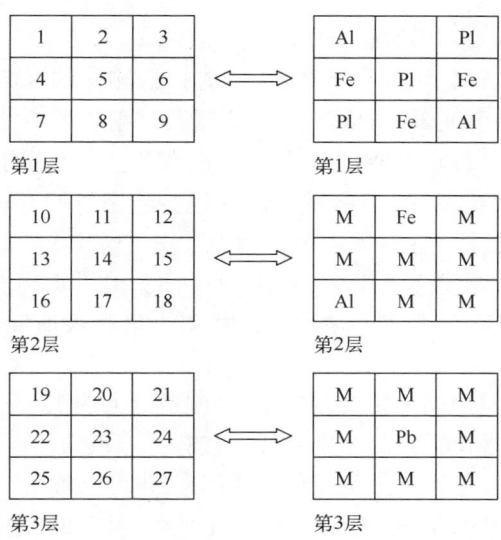

图 4.16　透射测量体素介质分布图

表 4.4　各体素对应的介质

体素	1	2	3	4	5	6	7	8	9
介质	铝		塑料	铁	塑料	铁	塑料	铁	铝
体素	10	11	12	13	14	15	16	17	18
介质	木头	铁	木头	木头	木头	木头	铝	木头	木头
体素	19	20	21	22	23	24	25	26	27
介质	木头	木头	木头	木头	铅	木头	木头	木头	木头

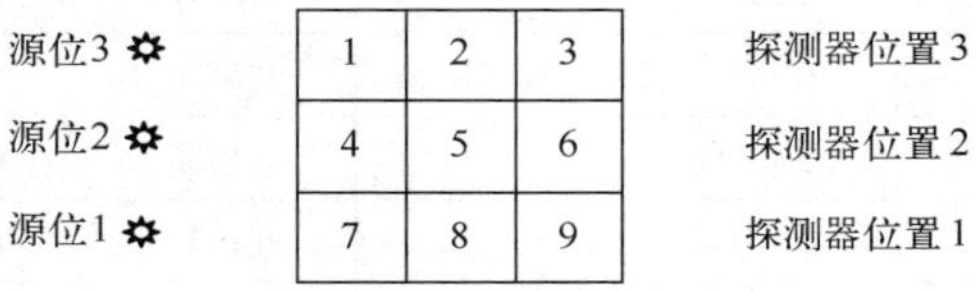

图 4.17　TGS 透射扫描示意图

为了验证用 MC 统计迭代法重建实验计算的线衰减系数的准确性，本实验用铁、铝、铅 3 种介质对 ^{226}Ra 4 个能量 1120.29keV、1238.12keV、1377.67keV、1764.46keV γ射线的线衰减系数作为已知参数值。以这 4 个已知参考值来与实验计算值相比较。

4.3.3 仿真实验

1）透射扫描测量实验数据分析和处理

用 Gammavision32 软件解析 TGS 透射扫描测得的 ^{226}Ra 核素的 36 个能谱。对每个能谱 6 个能量的γ射线分别计算其透射率，并取其负对数值。在 36 个γ能谱中，每个谱 6 个能量的透射率的计算值分别列于表 4.5、表 4.6 和表 4.7。为了检查测量数据的可靠性，寻找实验中可能存在的问题，将实验数据分层处理。把每一层中每一个测量点上 6 个γ射线能量的透射率的负对数与γ射线能量变化关系作图。图 4.18、图 4.19 和图 4.20 分别表示第一层、第二层和第三层各个测量点的γ射线透射率的负对数值随测量的γ射线能量变化的规律。

从图 4.18 和图 4.19 看，每个图的 12 个测量点上的 12 条曲线都按指数衰减规律变化，没有出现奇异点。个别曲线形状有一点不同，也仅是个别测量数据的误差稍大引起的，这也是正常现象。从图 4.20 可以看出，图中 12 条曲线形状有些异常，特别是γ射线能量 609keV 以下的低能端曲线的形状明显不正常。γ能量在 609keV 以上段的变化还是有规律的。对γ射线低能端曲线出现的异常现象，从实验测量的情况来分析，这也属于正常原因。因为第三层的正中体素的介质是一块铅。由于铅的密度特别大，它对低能γ射线的衰减特别厉害，所以使低能γ射线的透射率测量误差特别大。考虑这个因素，在处理测量数据时，对第三层，能量低于 609keV 的γ射线透射率数据没有采用。

表 4.5　TGS 透射实验第二层 12 个测量点的透射率

测量位置	351.85	609.25	1120.29	1238.12	1377.67	1764.46
1	0.0140	0.0317	0.0765	0.0855	0.0983	0.1280
2	0.0262	0.0592	0.1250	0.1378	0.1531	0.1903
3	0.1490	0.2107	0.3138	0.3297	0.3528	0.3978
4	0.2764	0.3442	0.4513	0.4639	0.4910	0.5273
5	0.3583	0.4276	0.5331	0.5532	0.5653	0.6048
6	0.0627	0.1044	0.1788	0.1931	0.2144	0.2534
7	0.0112	0.0293	0.0708	0.0813	0.0919	0.1208
8	0.2080	0.2786	0.3799	0.3965	0.4162	0.4643
9	0.1387	0.1984	0.2962	0.3112	0.3380	0.3808

续表

测量位置	351.85	609.25	1120.29	1238.12	1377.67	1764.46
10	0.4873	0.5364	0.6236	0.6446	0.6554	0.6877
11	0.3489	0.4148	0.5215	0.5276	0.5542	0.5917
12	0.0370	0.0705	0.1360	0.1492	0.1642	0.2006

表 4.6　TGS 透射实验第三层 12 个测量点的透射率

测量位置	351.85	609.25	1120.29	1238.12	1377.67	1764.46
1	0.3942	0.4537	0.5476	0.5537	0.5974	0.6154
2	0.4889	0.5475	0.6334	0.6483	0.6611	0.6938
3	0.3861	0.4561	0.5488	0.5668	0.5877	0.6179
4	0.4934	0.5527	0.6374	0.6464	0.6611	0.6963
5	0.0014	0.0008	0.0207	0.0272	0.0346	0.0518
6	0.0002	0.0002	0.0069	0.0097	0.0136	0.0226
7	0.0015	0.0010	0.0204	0.0268	0.0343	0.0507
8	0.0014	0.0003	0.0067	0.0098	0.0136	0.0224
9	0.3993	0.4645	0.5561	0.5645	0.5918	0.6266
10	0.5063	0.5686	0.6440	0.6586	0.6849	0.7022
11	0.3872	0.4611	0.5570	0.5589	0.5933	0.6217
12	0.5118	0.5641	0.6495	0.6509	0.6831	0.6966

表 4.7　TGS 透射实验第一层 12 个测量点的透射率

测量位置	351.85	609.25	1120.29	1238.12	1377.67	1764.46
1	0.1638	0.2302	0.3298	0.3472	0.3706	0.4178
2	0.0175	0.0352	0.0814	0.0939	0.1065	0.1371
3	0.0056	0.0121	0.0366	0.0428	0.0521	0.0713
4	0.0035	0.0075	0.0278	0.0327	0.0397	0.0565
5	0.0012	0.0021	0.0096	0.0120	0.0153	0.0244
6	0.0639	0.1132	0.1892	0.2005	0.2196	0.2609
7	0.0138	0.0324	0.0804	0.0906	0.1024	0.1327
8	0.0108	0.0250	0.0602	0.0684	0.0786	0.1053
9	0.0068	0.0123	0.0363	0.0431	0.0505	0.0714
10	0.0039	0.0081	0.0260	0.0303	0.0370	0.0529
11	0.0059	0.0121	0.0370	0.0431	0.0509	0.0717
12	0.0387	0.0732	0.1407	0.1524	0.1710	0.2082

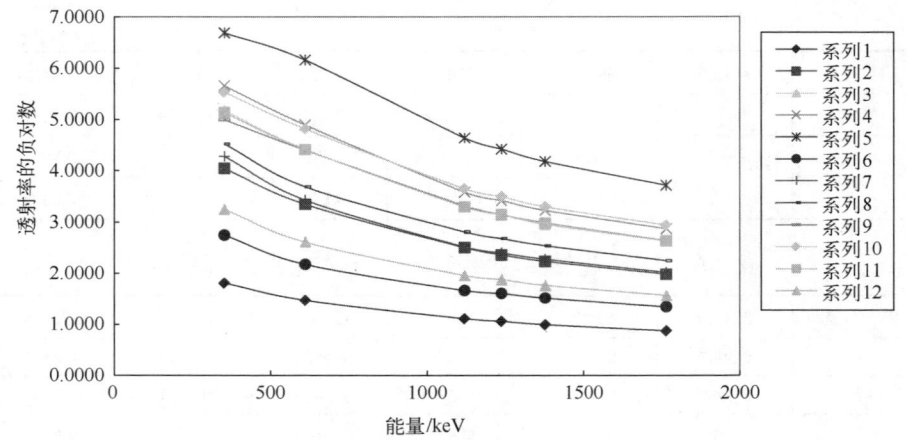

图 4.18　TGS 透射实验第一层 12 个测量值随能量的变化

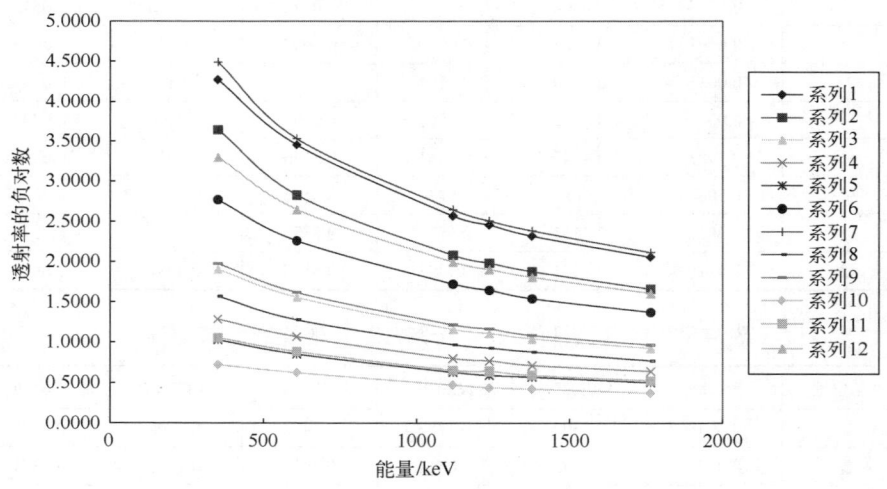

图 4.19　TGS 透射实验第二层 12 个测量值随能量的变化

2）透射扫描测量线衰减系数实验计算结果

在计算透射扫描测量数据时，按层数分别处理。每层 12 个能谱数据，每个能谱有 6 个 γ 射线能量，每个能量可得到一个透射率，共测得 72 个透射率。这 72 个透射率按能量分组，每组 12 个透射率，6 个 γ 射线能量分成 6 组。对每组 12 个实验得到的透射率分别用 MC 统计迭代计算法、"点到点"算法和"平均值"算法，进行重建计算。三种算法对第二层和第三层重建的实验 μ 值结果列于表 4.7。这三种算法对第一层重建的实验 μ 值结果列于表 4.8。

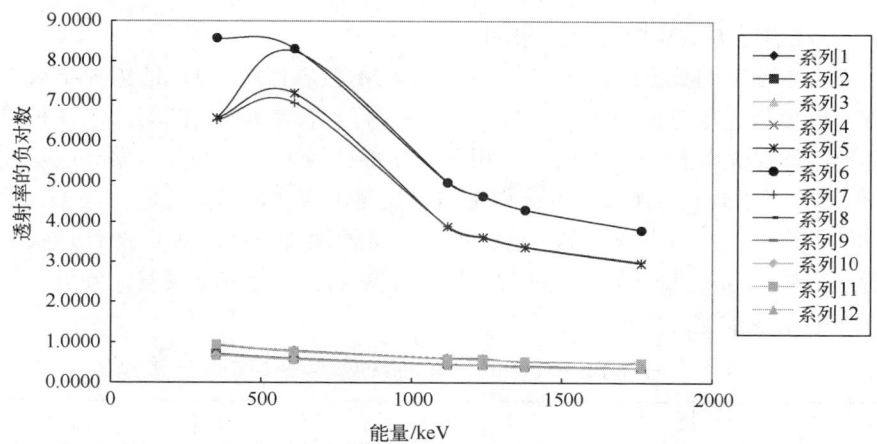

图 4.20　TGS 透射实验第三层 12 个测量值随能量的变化

从表 4.8 可以看到，第二层介质是铝和铁。第三层介质是重密度铅。对这两层介质，用 MC 统计迭代算法重建的实验结果与已知参考值相比，相对偏差小于 4%。

表 4.8　第二层和第三层 Al、Fe、Pb 的线衰减系数参考值与重建值比较

体素编号（介质种类）	能量	参考 μ	算法 1		算法 2		算法 3	
			重建值	偏差/%	重建值	偏差/%	重建值	偏差/%
第二层 11 (Fe)	1120.29	0.4415	0.4259	3.53	0.4278	3.10	0.4548	-3.01
	1238.12	0.4194	0.4052	3.39	0.407	2.96	0.4316	-2.91
	1377.67	0.3974	0.385	3.12	0.3867	2.69	0.4085	-2.79
	1764.46	0.3534	0.3407	3.59	0.3423	3.14	0.3594	-1.7
第二层 16 (Al)	1120.29	0.1566	0.143	8.68	0.1412	9.83	0.1540	1.66
	1238.12	0.1487	0.1354	8.94	0.1338	10.02	0.1456	2.08
	1377.67	0.1408	0.1279	9.16	0.1261	10.44	0.1366	2.98
	1764.46	0.1247	0.1138	8.74	0.1123	9.94	0.1206	3.29
第三层 23 (Pb)	1120.29	0.7041	0.6584	6.49	0.7152	-1.58	0.7075	-0.48
	1238.12	0.6498	0.6079	6.45	0.6604	-1.63	0.6534	-0.55
	1377.67	0.6055	0.5666	6.42	0.6151	-1.59	0.6088	-0.55
	1764.46	0.5388	0.4979	7.57	0.5407	0.37	0.5348	0.74

注：算法 1 为点到点重建算法；
　　算法 2 为平均径迹长度迭代算法；
　　算法 3 为 MC 统计迭代算法。

3）线衰减系数实验计算结果的误差分析

表 4.8 列出的数据中，第二层、第三层 MC 统计迭代算法的重建结果与已知参考值比较，相对偏差小于 4%，符合得较好。表 4.9 列出的第一层 3 种算法重建的实验结果与已知参考值比，相对偏差都比较大。仔细分析第一层重建实验 μ 值的数据发现：3 种算法重建结果与已知参考值比，都是往同方向偏，而且 3 种算法偏差的大小也差不多。这就说明，这种偏差不是由 MC 统计迭代算法本身造成的，而是第一层 μ 值的重建数据可能存在一个系统误差。分析这些可能存在的系统误差原因如下。

表 4.9 第一层 Fe 和 Al 的线衰减系数参考值与重建值比较

体素编号（介质种类）	能量	参考 μ	算法 1		算法 2		算法 3	
			重建值	偏差/%	重建值	偏差/%	重建值	偏差/%
第一层 4 (Fe)	1120.29	0.4415	0.4656	**5.46**	0.4737	**7.29**	0.4862	**10.12**
	1238.12	0.4194	0.4394	**4.77**	0.4471	**6.60**	0.4574	**9.06**
	1377.67	0.3974	0.4174	**5.03**	0.4246	**6.84**	0.4343	**9.29**
	1764.46	0.3534	0.3696	**4.58**	0.3761	**6.42**	0.3835	**8.52**
第一层 6 (Fe)	1120.29	0.4415	0.3771	**−14.59**	0.3863	**−12.50**	0.3835	**−13.14**
	1238.12	0.4194	0.3636	**−13.30**	0.3722	**−11.25**	0.3703	**−11.71**
	1377.67	0.3974	0.3395	**−14.57**	0.3477	**−12.51**	0.3454	**−13.09**
	1764.46	0.3534	0.3047	**−13.78**	0.312	**−11.71**	0.31	**−12.28**
第一层 8 (Fe)	1120.29	0.4415	0.3444	**−21.99**	0.356	**−19.37**	0.3774	**−14.52**
	1238.12	0.4194	0.332	**−20.84**	0.3428	**−18.26**	0.3622	**−13.64**
	1377.67	0.3974	0.3128	**−21.29**	0.323	**−18.72**	0.34	**−14.44**
	1764.46	0.3534	0.2795	**−20.91**	0.2885	**−18.36**	0.3018	**−14.60**
第一层 9 (Al)	1120.29	0.1566	0.2219	**41.70**	0.2148	**37.16**	0.2138	**36.53**
	1238.12	0.1487	0.2059	**38.47**	0.1995	**34.16**	0.1983	**33.36**
	1377.67	0.1408	0.1995	**41.69**	0.1933	**37.29**	0.1928	**36.93**
	1764.46	0.1247	0.1732	**38.89**	0.1679	**34.64**	0.1676	**34.40**
第一层 1 (Al)	1120.29	0.1566	0.0953	**−39.14**	0.0935	**−40.29**	0.0999	**−36.21**
	1238.12	0.1487	0.0951	**−36.05**	0.0933	**−37.26**	0.0998	**−32.89**
	1377.67	0.1408	0.0853	**−39.42**	0.0836	**−40.63**	0.0889	**−36.86**
	1764.46	0.1247	0.0788	**−36.81**	0.0774	**−37.93**	0.0816	**−34.56**

注：算法 1 为点到点重建算法；
算法 2 为平均径迹长度迭代算法；
算法 3 为 MC 统计迭代算法。

（1）对某一能量的γ射线，铁和铝介质原本有一个已知参考值（表 4.9）。但前题条件是用于计算的那个体素里必须是一种介质，或者是铁或者是铝，而且体素中的铁或者铝必须是填满状态，不能一部分是铁、一部分是铝，或一部分是铁、一部分是空气。如果不是全部铁或铝，那么，这个体素的介质密度变了，该体素的线衰减系数也就变了。这时，原本用来作为介质铁或铝对某一能量γ射线线衰减系数已知参考值的那个线衰减系数值也就没有参考价值了。因而，表 4.9 中出现的大偏差不是因为 3 种重建算法有问题，而是原本要作为已知参考值的线衰减系数值是一个变化了的、不能作为参考的值。

（2）从实验的设计分析，第二层和第三层的模拟样品都由木板加工，定位很好的体素。体素介质不可能在平面内作前后、左右移动。第一层是在第二层的上方，分别用 9 块铁、铝和塑料小立方块任意排布成的，没有与计算用的假设空体素的位置一一对应（有错位现象）。

（3）透射扫描测量的样品模式是 3×3×3 共 27 个体素组合，每个体素的尺寸是 5cm×5cm×5cm。加工的铁和铝小方块的尺寸与 5cm×5cm×5cm 尺寸相比有较大差别（最大差别达到 3mm）。

（4）透射扫描测量采用的是手动扫描方式。无论是平移还是旋转，定位很不准确。

第 5 章　发射图像重建算法

　　TGS 测量装置的最终目的是得到密闭容器内未知样品的放射性活度分布及总的放射性活度。透射测量是为了得到样品的衰减系数 μ_k，结合第 3 章研究的探测器效率矩阵元 E_{ij} 的无源刻度，就可以得到衰减校正效率矩阵元 F_{ij}。发射测量则利用探测器对样品本身的放射性进行三维扫描测量，从而得到样品中所有体素发射的 γ 射线的计数率 D_i，再结合衰减校正效率矩阵元 F_{ij}，求得样品的放射性活度分布。TGS 测量所有结果都是在这个放射性活度分布的基础上求得的，或是由其转化得到的。由此可见，发射图像重建的好坏决定了 TGS 技术的准确性。如何快速、准确地重建发射图像是本章研究的重点。

　　本章主要研究了对探测器在各个位置的测量值 D_i 进行分析处理并最终重建放射性活度分布的方法。在透射图像重建中，因为原理上与 TCT 相似，所以可以借鉴其中相关的图像重建算法进行分析。发射图像重建算法中与之对应的 ECT 算法比较少见，但是经过数学分析后不难发现，一些迭代重建算法可用于发射图像重建。本章对这些迭代算法进行了原理分析，并运用计算机模拟方法，对这些迭代算法进行了分析评估，最终确定 TGS 发射图像重建算法。

5.1　几种迭代重建算法的介绍

　　在 CT 的发展过程中产生了一系列的图像重建算法，主要可分为两类：变换法和级数展开法。早期最常用的是 Radon 变换算法中的滤波反投影法，但是该算法需要大量的均匀分布的测量数据来满足方程的连续性。级数展开法中，以迭代重建算法最具代表性，其特点是：首先，克服了滤波反投影法大量投影数据的不足，适合于不完全投影数据的图像重建，尤其是在投影数据较少情况下能够较好重建图像；其次，重建算法相对简单，适用于不同扫描方式的采样数据重建；最后，还可以结合一些先验知识进行求解，提高重建质量和效率。缺点是：迭代重建算法计算量大、图像重建时间较长，但是随着计算机技术高速的发展，迭代重建算法的缺点已经不再成为制约其发展的瓶颈，经过多年的理论研究和实验验证，迭代重建算法已经发展出多种类型来适应不同图像重建模型的需求。TGS 的测量模型测量数据较少，很难达到变化法的要求，因此，一般采用迭代重建算法。

一般图像重建问题可以归结成方程：

$$P_i = \sum_{j=1}^{J} R_{ij} X_j \qquad i = 1, 2, \cdots, I \tag{5-1-1}$$

用矩阵表示为

$$\boldsymbol{P} = \boldsymbol{R} \cdot \boldsymbol{X} \tag{5-1-2}$$

式中：$\boldsymbol{P} = [p_1 \ p_2 \ \cdots \ p_I]^T$ 为 I 维矢量，称测量矢量或投影矢量，即测量所得数据；$\boldsymbol{X} = [x_1 \ x_2 \ \cdots \ x_J]^T$ 为 J 维矢量，称图像矢量，表示原始图像，即要重建的图像；$\boldsymbol{R} = \begin{bmatrix} r_{11} & r_{12} & \cdots & r_{1J} \\ r_{21} & r_{22} & \cdots & r_{2J} \\ \vdots & \vdots & \ddots & \vdots \\ r_{I1} & r_{I2} & \cdots & r_{IJ} \end{bmatrix}$ 为 $I \times J$ 维矩阵，表示所有体素在各次测量中的贡献，可计算求得，在发射测量中表示衰减校正效率矩阵元 F_{ij}。

结合 TGS 发射测量原理，TGS 发射图像重建方程可以表示成

$$\boldsymbol{D} = \boldsymbol{F} \cdot \boldsymbol{S} \tag{5-1-3}$$

式中：$\boldsymbol{D}$ 为测量值与式（5-1-2）中 $\boldsymbol{P}$ 等价；$\boldsymbol{S}$ 为各体素的活度值，即要重建的图像，与式（5-1-2）中 $\boldsymbol{X}$ 等价；$\boldsymbol{F}$ 为衰减校正效率矩阵元，与式（5-1-2）中 $\boldsymbol{R}$ 等价。

所以 TGS 发射图像重建方程的形式与一般图像重建问题方程的形式一致，可以采用一般的图像重建方法进行各体素的活度值 $\boldsymbol{S}$ 的重建。

5.1.1 迭代重建算法的基本原理

迭代重建算法其基本思想是：先假设一个初始图像 $\boldsymbol{X}^0$，构造迭代格式：$\boldsymbol{X}^{(k+1)} = g_k(\boldsymbol{X}^{(k)}, \boldsymbol{R}, \boldsymbol{P})$。然后根据 $\boldsymbol{X}^0$ 求一次近似图像 $\boldsymbol{X}^1$，再由 $\boldsymbol{X}^1$ 求二次近似图像 $\boldsymbol{X}^2$，连续对所有的测量值逐次近似下去，逐个修正。最后根据一定的判断准则，决定迭代是终止还是继续进行，最终得到重建值 $\boldsymbol{X}$。

迭代算法根据迭代顺序、迭代判据和迭代格式的不同分多种类型，主要有加型 ART（Algebraic Reconstruction Technique）、乘型 ART、SIRT（Simultaneous Iterative Reconstruction Technique）、最大熵迭代（也称为 EM 或 Lucy 迭代）等。下面主要对 TCT 中经典的加型 ART 和理查森（Richardson）迭代算法、PET 和 ECT 中应用较好的极大似然期望迭代算法（Maximum Likelihood Expectation-maximization，ML-EM）及其改进形式 Log 熵迭代算法进行研究和讨论。

为了叙述方便，这里先对几个通用的量进行设定。

（1）设 X 的初值为 $X^0=(x_1^0,x_2^0,\cdots,x_J^0)^{\mathrm{T}}$，记第 k 次迭代后，X 的值为 $X^k=(x_1^k,x_2^k,\cdots,x_J^k)^{\mathrm{T}}$。

（2）设第 $k+1$ 次迭代考虑第 i 号射线的射线投影的影响。

（3）记 $p_i^k=\sum_{j=1}^{J}r_{ij}x_j^k$，其意义是 $X^k=(x_1^k,x_2^k,\cdots,x_J^k)^{\mathrm{T}}$ 对第 i 个方程的估计值，即预投影值。

（4）第 i 个方程的估计值与实测值的差（称为残差）$\Delta p_i^k=p_i-p_i^k$。

（5）R 中的第 i 行可看作一个 J 维矢量，记为 r_i；第 j 列可看作一个 I 维矢量，记为 r_j。

5.1.2 加型 ART 算法

加型 ART 算法的思想是：对第 i 号射线的射线投影，按比例 $\dfrac{r_{ij}}{\|r_i\|^2}$ 将残差 Δp_i^k 分配给 X 的各个分量，即

$$x_j^{k+1}=x_j^k+\lambda^k\frac{r_{ij}}{\|r_i\|^2}\Delta p_i^k \qquad j=1,2,\cdots,J \qquad (5\text{-}1\text{-}4)$$

式中：λ^k 为松弛系数，$0<\lambda^k<2$；$\|r_i\|$ 为矢量 r_i 的模，$\|r_i\|=\sqrt{\sum_{j=1}^{J}r_{ij}^2}$。

i 与 k 的对应关系：$i=k(\mathrm{mod}\,I)+1=\left[k-\mathrm{Int}\left(\dfrac{k}{I}\right)+1\right]$，Int 代表取整。

可以看出，上述校正过程是一条射线逐次进行的，结果与射线使用次序有关，故又称逐线校正（Ray-by-Ray Correction）。迭代方程的顺序是要使方程间的相关性尽可能小。加型 ART 并不保证遵循哪个最优准则，但利用实际的测量数据，根据式（5-1-4）重建，经过一定次数的迭代后，结果相当满意，特别是 λ^k 选得（0.025～0.25）较小时更好。

5.1.3 Richardson 迭代算法

Richardson 迭代算法是加型 ART 算法的改进，根据 5.1.2 节的介绍，不难发现在加型 ART 修正中，通常会遇到下面两个问题。

（1）加型 ART 方程次序影响迭代收敛过程。

（2）如果其中一个测量数据不好，会使得 X 的各分量变坏。

为了克服上面两个问题，Richardson 作了如下修改。

在加型 ART 中，当第 i 个方程对 X 的第 j 个分量进行修正时，修正量为 $\dfrac{r_{ij}}{\|r_i\|^2}\Delta p_i^k$，将其按比例 $\dfrac{r_{ij}}{\sum\limits_{i'=1}^{I} r_{i'j}}$ 加权平均得

$$\beta_j = \sum_{i=1}^{I} \frac{r_{ij}}{\sum\limits_{i'=1}^{I} r_{i'j}} \frac{r_{ij}}{\|r_i\|^2} \Delta p_i^k = \sum_{i=1}^{I} \frac{r_{ij}^2}{\|r_i\|^2 \sum\limits_{i'=1}^{I} r_{i'j}} \Delta p_i^k$$

那么，可以构造 Richardson 迭代的迭代格式为

$$x_j^{k+1} = x_j^k + \beta_j \tag{5-1-5}$$

Richardson 迭代的迭代结果与方程次序无关，而且抗噪性能强，但收敛速度慢。

5.1.4 乘型 ART 算法

乘型 ART 算法的迭代格式为

$$x_j^{k+1} = \frac{p_i}{p_i^k} x_j^k \qquad j=1,2,\cdots,J \tag{5-1-6}$$

将迭代公式作如下推导：

$$x_j^{k+1} = x_j^k + \frac{p_i - p_i^k}{p_i^k} x_j^k = x_j^k + \frac{\Delta p_i^k}{p_i^k} x_j^k \tag{5-1-7}$$

比较式（5-1-4）和式（5-1-7）可知：加型 ART 是将绝对残差 Δp_i^k 按比例 $\dfrac{r_{ij}}{\|r_i\|^2}$ 分配给 X 的各分量；乘型 ART 则是将相对残差 $\dfrac{\Delta p_i^k}{p_i^k}$ 按比例 x_j^k 分配给 X 的各分量。

可以证明，在一定条件下，式（5-1-6）所得解的序列 $x^1, x^2, x^3,\cdots$ 收敛于 $R \cdot X = P$ 的最大熵解。正因为其解的熵最大的特性，使其有着特殊价值。

5.1.5 ML-EM 迭代算法

1982 年，Shepp 和 Vardi 将 ML-EM 迭代算法引入到图像重建领域，其具体格式如下：

$$x_j^{k+1} = \frac{x_j^k}{\sum\limits_{i=1}^{I} r_{ij}} \sum_{i=1}^{I} \frac{r_{ij} p_i}{\sum\limits_{j'=1}^{J'} r_{ij'} x_{j'}^k} \qquad j=1,2,\cdots,J \tag{5-1-8}$$

如图 5.1 所示，ML-EM 迭代算法主要分为以下 4 个步骤。
（1）对所有体素赋予初始图像值 x_j^0，计算出预投影值。
（2）将预投影值与测量值 p_i 对比，采用乘法修正，与乘型 ART 算法类似。
（3）将修正后的值反投影到图像域，得到图像矢量的修正因子。
（4）对初始图像进行修正后代入下一次循环。

当估算的重建图像趋近于最大似然解时，循环终止。

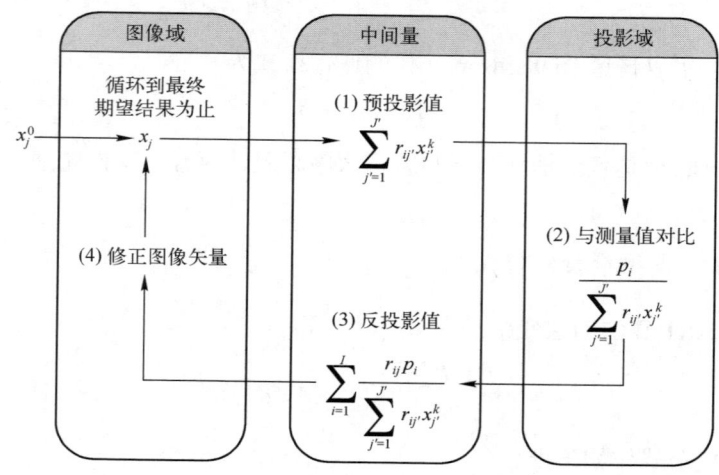

图 5.1　ML-EM 算法计算步骤

仔细研究可以发现，ML-EM 迭代算法可由乘型 ART 算法改进而来。在乘型 ART 算法中，由第 i 个方程所确定的对 X 的第 j 个分量的修正系数为 $\dfrac{p_i}{p_i^k}$，将各方程的修正系数按 $\dfrac{r_{ij}}{\|r_i\|}$（$\|r_i\|$ 为矢量 r_i 的模）加权平均，得到 $\sum\limits_{i=1}^{I}\dfrac{r_{ij}}{\|r_j\|}\dfrac{p_i}{p_i^k}$。

那么，ML-EM 迭代格式可以写为

$$x_j^{k+1}=\left(\sum_{i=1}^{I}\dfrac{r_{ij}}{\|r_j\|}\dfrac{p_i}{p_i^k}\right)x_j^k \qquad j=1,2,\cdots,J \qquad (5\text{-}1\text{-}9)$$

式（5-1-9）与式（5-1-8）等价。所以 ML-EM 迭代的结果与射线的使用次序无关，分配的是平均相对残差。由于每一次迭代前，都要计算所有图像的预投影值 $p_i^k=\sum\limits_{j=1}^{J}r_{ij}x_j^k$，所以 ML-EM 的每一次迭代的计算量与乘型 ART 的 I 次计算量相当。

5.1.6 Log 熵迭代算法

ML-EM 迭代算法在迭代时相对残差是平均分配的，即将各方程的修正系数 $\dfrac{\Delta p_i^k}{p_i^k}$ 按 $\dfrac{r_{ij}}{\|r_j\|}$ 加权平均。它的加权系数只与系数矩阵 R 有关。如果将各方程的修正系数 $\dfrac{\Delta p_i^k}{p_i^k}$ 按 $\dfrac{r_{ij}/p_i^k}{\sum\limits_{i=1}^{I} r_{ij}/p_i^k}$ 加权平均就是 Log 熵迭代，所以 Log 熵迭代也是乘型 ART 的一种改进。其迭代格式为

$$x_j^{k+1} = \left[\sum_{i=1}^{I} \frac{r_{ij}}{\sum\limits_{i'=1}^{I} r_{i'j}/p_i^k} \frac{p_i}{(p_i^k)^2} \right] x_j^k \qquad j = 1, 2, \cdots, J \qquad (5\text{-}1\text{-}10)$$

式（5-1-10）即为 Log 熵迭代，它同 ML-EM 迭代相似，迭代结果与方程的使用次序无关，迭代时分配的是将修正系数 $\dfrac{\Delta p_i^k}{p_i^k}$ 按 $\dfrac{r_{ij}/p_i^k}{\sum\limits_{i=1}^{I} r_{ij}/p_i^k}$ 加权平均的相对残差，所以加权因子不仅与系数矩阵有关，还与预投影值 p_i^k 有关。

5.2　计算机模拟方法的建立

为评估 5.1 节中几种迭代算法对 TGS 放射图像重建的适用性，需要对迭代重建算法的重建质量、重建速度、抗噪声能力等重要指标进行评估来衡量算法优劣性。由于 TGS 实验周期较长，而对迭代重建算法进行评估需要对大量不同活度和介质分布的测量数据进行分析，如果采用实验测量不仅实验次数多，耗费时间很长，而且放射源（标准样品）的参数（如活度和能量）很难跟需要分析的特定参数一致，所以建立合理的计算机模拟仿真平台进行数值仿真实验显得尤为重要。运用计算机模拟仿真不仅可以节省大量的实验费用，而且一次实验的周期很短（≤100s），参数设置分布很广，为评估迭代重建算法带来了很大的方便。

5.2.1　模型的假设

体素的划分和编号与 3.4.2 节中描述一致，被测量样品划分为 6×6×6 的模型。每个体素的大小为 5cm×5cm×5cm。为整个系统设定一个坐标系，令坐标原

点位于样品的正中心。

由于实际测量过程太过复杂，下面我们对发射扫描测量的过程做如下合理简化。

（1）每个体素作为一个放射源，都将其看作是一个点源，并位于各体素的正中心，第一层体素中源的坐标在表 3.12 中可查。

（2）每次测量中每个点源发出的 γ 射线都看作单向的，而 γ 射线所经过的路径是连接此点源与探测器中心点的直线段。

（3）每个体素中介质的分布是均匀的，那么，其线衰减系数 μ_k 分布也是均匀的。

（4）忽略空气对 γ 射线的衰减作用及探测器的误差、噪声等因素。

（5）探测效率采用无源刻度方法，第 3 章研究的探测效率的无源刻度技术可以获得与实际相符的探测效率矩阵，预先对特定能量的效率矩阵进行计算，可以节省后续模拟计算的时间。

5.2.2　模型的建立

因为只是对发射测量进行模拟，所以样品介质的分布是已知的，从而可以通过已知的介质的分布来得到线衰减系数 μ_k，不需要进行透射测量分析计算。具体的模拟计算过程分以下几步骤。

（1）应用 Cyrus-Beck 裁剪算法计算径迹长度 T_{ijk} 的值。

（2）利用计算得到的径迹长度 T_{ijk} 及已知的线衰减系数 μ_k，根据式（2-2-7）可计算出介质吸收衰减的因子 A_{ij}。

（3）计算在所有平移位置、所有旋转角度，探测器对每个体素的探测效率 E_{ij}。

（4）用式（2-2-6）计算出衰减校正效率矩阵元 F_{ij}，结合预设的放射源的源强 S_j，用式（2-2-5）计算测量值 D_i，作为探测器测量到的 γ 射线计数率。

（5）将 S_j 作为未知量，即需要重建的图像，使用迭代算法求解式（2-2-5），重建核材料发射图像，即各体素的放射性强度。图 5.2 为整个模拟计算的流程图。

步骤（3）运用第 3 章研究的无源刻度技术可以计算得到，步骤（2）、（4）、（5）需要运用第 2 章中发射测量的相应公式计算来实现，下面主要对步骤（1）中径迹长度的 T_{ijk} 计算进行详细介绍。

5.2.3　径迹长度的计算

如图 5.3 所示，探测器位置为 2，2 号体素中放射源发射的 γ 射线在被探测器探测到之前会被 3、4、5、6 号体素吸收衰减，其线衰减厚度（径迹长度）分别用 T_{223}、T_{224}、T_{225}、T_{226} 表示。因为每个体素都是一个立方体，所以不能用平

第 5 章 发射图像重建算法

面的方法（如边长）去近似。当样品旋转、平移和升降时，每个体素中发射的 γ 射线穿过的体素不一样，径迹长度 T_{ijk} 也有很大的区别，需要对其进行精确计算。

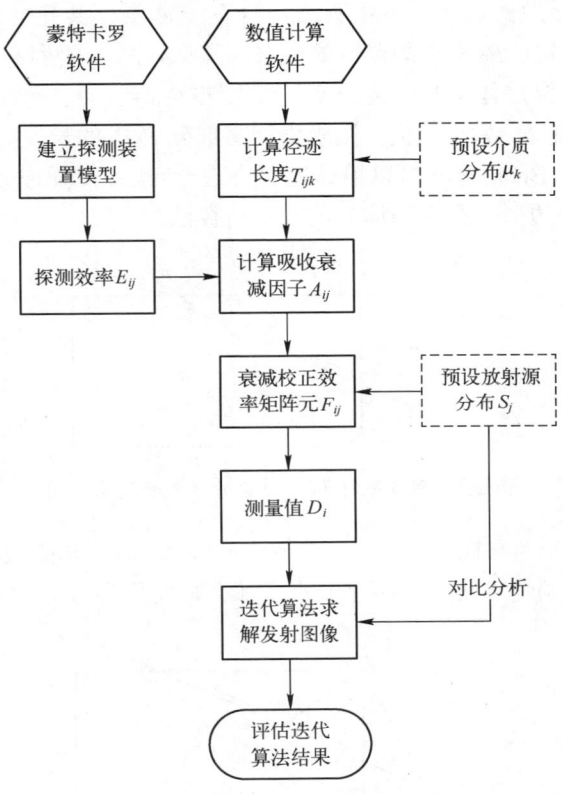

图 5.2　模拟计算流程图

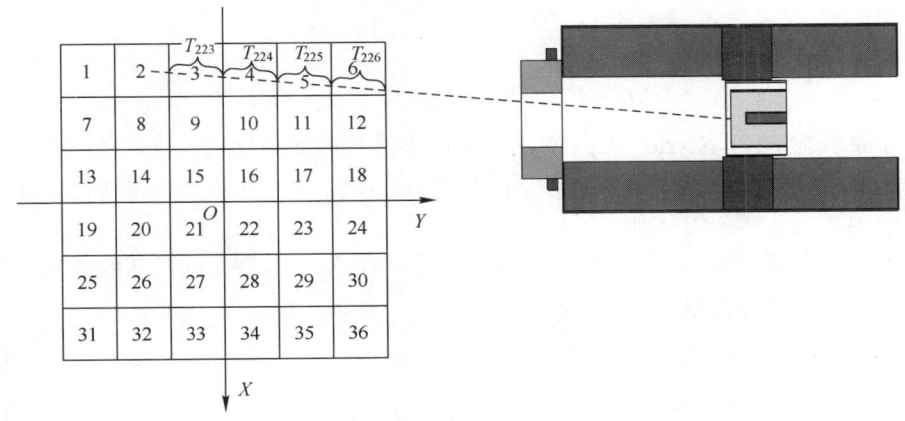

图 5.3　径迹长度的描述

仔细研究 TGS 的体素模型后可以发现，径迹长度 T_{ijk} 的计算可以归结为多边形区域的线裁剪问题。

以二维图形为例，如图 5.4 所示，设有一体素，其包含区域为 R，P_1 为 γ 射线源所处位置，P_2 为探测器所处位置，那么，P_1P_2 即为 γ 射线所经过的路径。求解 γ 射线穿过体素的径迹长度，可以这样描述：判断直线段 P_1P_2 与多边形区域 R 是否相交，如果相交，则求出相交部分 P_3P_4 的长度 L。运用计算机图形学中的 Cyrus-Beck 算法可以很好地解决这一问题。Cyrus-Beck 算法是一种适用于任意凸多边形（凸多面体）的线裁剪算法。

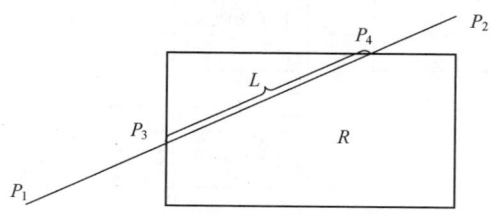

图 5.4　射线穿过 TGS 体素的径迹长度示意图

如图 5.5 所示，与图 5.4 对应，设多边形区域为 R（R 的边界均为直线段），$P_1(x_1,y_1)$、$P_2(x_2,y_2)$ 是直线段的两个端点，那么，可用参数方程

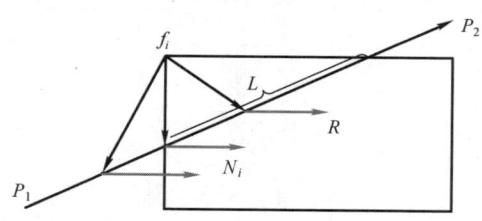

图 5.5　判断一点是否在裁剪窗口图

$$P(t) = P_1 + (P_2 - P_1)t \qquad 0 \leqslant t \leqslant 1 \qquad (5\text{-}2\text{-}1)$$

表示直线段 P_1P_2。Cyrus-Beck 算法基于凸多边形的如下性质：点 P 在凸多边形内的充要条件是，凸多边形边界上的任意一点 f 到 P 的矢量 $\overrightarrow{fP}$ 和该边内法线矢量的内积大于零。具体如下。

在凸区域 R 的一条边界 i 上任取一点 f_i，而 N_i 是边界 i 的内法线矢量（不一定要求是单位矢量），对线段 P_1P_2 上的任一点 P，有

$$N_i \cdot \overrightarrow{f_iP} < 0 \qquad (5\text{-}2\text{-}2)$$

$$N_i \cdot \overrightarrow{f_iP} = 0 \qquad (5\text{-}2\text{-}3)$$

$$N_i \cdot \overrightarrow{f_i P} > 0 \tag{5-2-4}$$

式（5-2-2）表明 $\overrightarrow{f_i P}$ 指向 R 的的外部，点 P 位于 R 以外。

式（5-2-3）表明 $\overrightarrow{f_i P}$ 平行于包含 f_i 的边界，则点 P 在边界 i 上或在其延长线上。

式（5-2-4）表明 $\overrightarrow{f_i P}$ 指向 R 的内部。若对任意 f_i，都有 $\overrightarrow{f_i P}$ 指向 R 的内部，则点 P 位于 R 的内部，否则位于外部。

上述内容同时也表明：若凸多边形区域 R 是闭合的，则一条无限长的直线与 R 仅有两个交点，而且这两个交点不会在 R 的同一边界面或边上，因此，在选定 f_i、N_i 的情况下，式（5-2-3）仅有一个解。

求相交部分的长度 L，必须先求出两个交点的坐标。将 P 的参数方程代入式（5-2-3），则求 P_1P_2 与边界 i 交点的参数方程为

$$N_i \cdot [P_1 + (P_2 - P_1)t_i - f_i] = 0 \tag{5-2-5}$$

即

$$N_i \cdot (P_1 - f_i) + N_i \cdot (P_2 - P_1)t_i = 0 \tag{5-2-6}$$

令

$$D = \overrightarrow{P_1 P_2} = P_2 - P_1 \tag{5-2-7}$$

$$w_i = \overrightarrow{f_i P_1} = P_1 - f_i \tag{5-2-8}$$

则

$$t_i = -\frac{N_i \cdot w_i}{N_i \cdot D} \qquad i = 1,2,3,\cdots \tag{5-2-9}$$

将式（5-2-9）应用于 R 所有的边界，可得出全部 t_i。若 $t_i>1$ 或 $t_i<0$，说明交点在线段 P_1P_2 之外，抛弃。虽然一条直线段与凸多边形区域最多交于两点，对应两个 t_i 值，但是会计算出多个位于 $0 \leqslant t_i \leqslant 1$ 范围之内的 t_i 值，每个 t_i 值对应于 R 不平行于线段 P_1P_2 的一条边。对应于这些 t_i 值的交点虽然都在线段 P_1P_2 上，但除了真正的交点外，其他的都在 R 边界线的延长线上。因此，必须对所有 $0 \leqslant t_i \leqslant 1$ 进行判断，找出真正的交点。

将所有 $0 \leqslant t_i \leqslant 1$ 分为两组：若 $N_i \cdot \overrightarrow{P_1P_2} < 0$，则将 t_i 分在上限组 tU；若 $N_i \cdot \overrightarrow{P_1P_2} > 0$，则将 t_i 分在下限组 tL。然后，分别取上限组中的最小值 $t_{up}=\min(tU)$ 和下限组中的最大值 $t_{low}=\max(tL)$。

设 P_1P_2 与 R 相交，可以证明，对所有 $0 \leqslant t_i \leqslant 1$，若 $N_i \cdot \overrightarrow{P_1P_2} > 0$，$P_1P_2$ 与 R 边界 i 所在直线的交点位于 P_1P_2 起点 P_1 一侧；若 $N_i \cdot \overrightarrow{P_1P_2} < 0$，$P_1P_2$ 与 R 边界 i 所在直线的交点位于 P_1P_2 终点 P_2 一侧；两个真正交点对应的 t_i 分别为位于 P_1

一侧的最大值 t_{low} 和位于 P_2 一侧的最小值 t_{up}。这种情况下，$t_{up} \geqslant t_{low}$，t_{low}、t_{up} 即为交点。

P_1P_2 与凸多边形 R 不相交又分为两种情况：①P_1P_2 与凸多边形 R 的任一边都不平行，这时，$t_{up} < t_{low}$；②P_1P_2 与凸多边形 R 的至少一个边平行，这种情况下，既有可能 $t_{up} < t_{low}$，也有可能 $t_{up} \geqslant t_{low}$。

通过相交与不相交情况的分析，可以得到这样的结论：若有 $t_{up} < t_{low}$，说明 P_1P_2 与 R 不相交，$L=0$。对于 $t_{up} \geqslant t_{low}$ 的情况，需要先求出 $P(t_{low})$、$P(t_{up})$，再求出这两点的中点 $P(t_h)$，判断 $P(t_h)$ 是否在 R 内；根据凸多边形的性质，如果 $P(t_h)$ 不在 R 内，说明 P_1P_2 与 R 不相交，$L=0$；如果 $P(t_h)$ 在 R 内，说明 P_1P_2 与 R 相交，$L=|P(t_{low})P(t_{up})|$（也可用其他方法对 $t_{up} \geqslant t_{low}$ 的情况进行判别）。

对上述 Cyrus-Beck 算法进行扩展，就可应用于凸多面体的情况，所以 Cyrus-Beck 算法可以用于求解射线穿过 TGS 体素径迹长度，其步骤如下：

（1）选取合适的坐标，尽可能便于计算，本文以 3.4.2 节中样品的坐标系定义为准。

（2）确定所有放射源和探测器的位置，包括样品旋转、平移、升降后的位置，进而得出直线段参数的方程。

（3）求出体素每个面的内法矢量。

（4）对体素的每个面都选择一个参考点。

（5）计算所有的 t_i 值。

（6）判断射线与体素是否相交，如果相交，找出真正交点。

（7）计算 2 个交点的距离。

按上述步骤，转化为 MATLAB 语言就可以计算出放射源在任意体素内，对任意探测器位置在各体素内的径迹长度。由于篇幅限制，表 5.1 只列出了放射源在 16 号体素内对部分探测器位置在 1～36 号体素内的径迹长度。

表 5.1　放射源在 16 号体素内 γ 射线穿过各体素的径迹长度　（单位：cm）

探测器位置为 1 旋转角度为 0°		探测器位置为 1 旋转角度为 22.5°		探测器位置为 3 旋转角度为 45°		探测器位置为 3 旋转角度为 90°	
体素号	径迹长度	体素号	径迹长度	体素号	径迹长度	体素号	径迹长度
1	0	1	0	1	0	1	0
2	0	2	0	2	0	2	0
3	0	3	0	3	0	3	0
4	0	4	0	4	0	4	1.147
5	0	5	0	5	1.542	5	4.060
6	0	6	4.745	6	5.070	6	0

续表

| 探测器位置为 1 | | 探测器位置为 1 | | 探测器位置为 3 | | 探测器位置为 3 | |
| 旋转角度为 0° | | 旋转角度为 22.5° | | 旋转角度为 45° | | 旋转角度为 90° | |
体素号	径迹长度	体素号	径迹长度	体素号	径迹长度	体素号	径迹长度
7	0	7	0	7	0	7	0
8	0	8	0	8	0	8	0
9	0	9	0	9	0	9	0
10	0	10	0	10	0.514	10	5.210
11	0	11	5.946	11	6.100	11	0
12	3.713	12	1.801	12	0	12	0
13	0	13	0	13	0	13	0
14	0	14	0	14	0	14	0
15	0	15	0	15	0	15	0
16	2.596	16	3.273	16	3.306	16	2.603
17	5.192	17	0.600	17	0	17	0
18	1.480	18	0	18	0	18	0
19	0	19	0	19	0	19	0
20	0	20	0	20	0	20	0
21	0	21	0	21	0	21	0
22	0	22	0	22	0	22	0
23	0	23	0	23	0	23	0
24	0	24	0	24	0	24	0
25	0	25	0	25	0	25	0
26	0	26	0	26	0	26	0
27	0	27	0	27	0	27	0
28	0	28	0	28	0	28	0
29	0	29	0	29	0	29	0
30	0	30	0	30	0	30	0
31	0	31	0	31	0	31	0
32	0	32	0	32	0	32	0
33	0	33	0	33	0	33	0
34	0	34	0	34	0	34	0
35	0	35	0	35	0	35	0
36	0	36	0	36	0	36	0

5.3 数值实验结果分析

在 5.2 节计算机模拟方法建立的基础上，对各种不同介质分布（预设衰减系数 μ_k 不同）和不同活度分布（预设 S_j 不同）情况下，分别运用加型 ART 算法、ML-EM 算法、Richardson 迭代算法、Log 熵迭代算法进行了发射图像重建，并分析评估了这几种算法对 TGS 模型的优劣性。

5.3.1 样品介质和源的分布

为检验加型 ART 算法、ML-EM 算法、Richardson 迭代算法、Log 熵迭代算法的对 TGS 放射图像重建的适用性，建立了多种样品介质的分布，具有代表性的有以下几种。

1) 相同介质的均匀分布

为叙述简便，只对第二层分布进行介绍，第二层由均匀分布的聚乙烯构成，图 5.6 为第二层样品的介质分布情况，放射源可以置于任意体素的中心位置。同样也可用其他介质替换聚乙烯，如铁、铝、木屑等。这种均匀的同介质分布可以有效地检验重建图像的定位准确性和弥散情况。

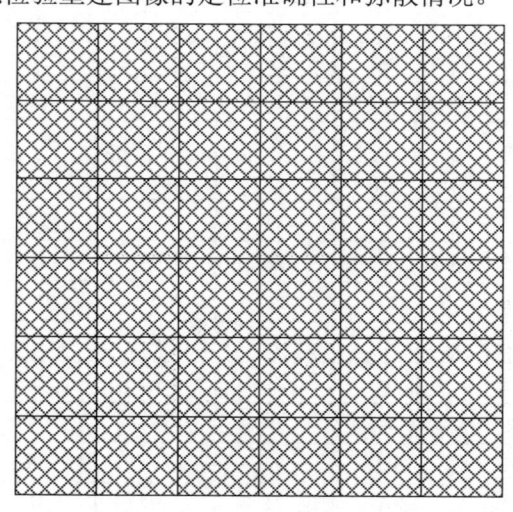

图 5.6 相同介质的均匀分布图

2) 结块型介质分布

在实际的样品测量中，介质一般不是均匀分布，在有些情况下还会有结块，即局部介质的密度较大，从而影响重建结果。为评估迭代重建算法对结块型介质分布的适用性，设计了如图 5.7 所示的介质分布。放射源置于中间聚乙烯体素的中心，聚乙烯周围环绕一圈高密度的介质，如铁、铅、铜等。

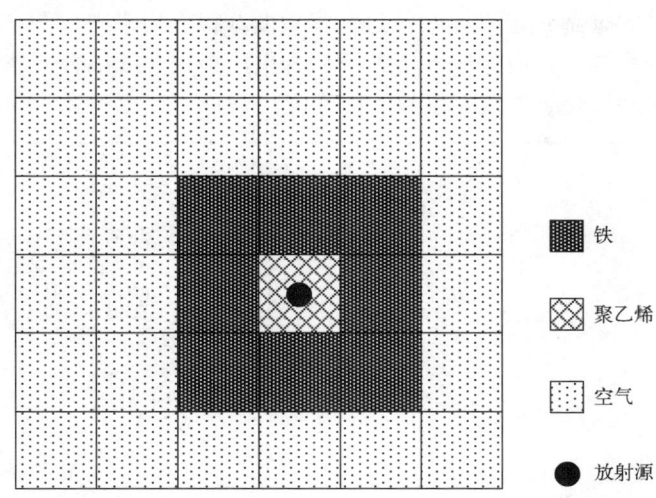

图 5.7　结块型介质分布图

3）多源随机介质分布

更复杂的情况就是多源随机介质分布，这种情况最贴近实际测量，图 5.8 所示的样品包含了多种介质、多个放射源。对这种复杂情况的分析可以很好地评估迭代重建算法在实际应用中的适用性。

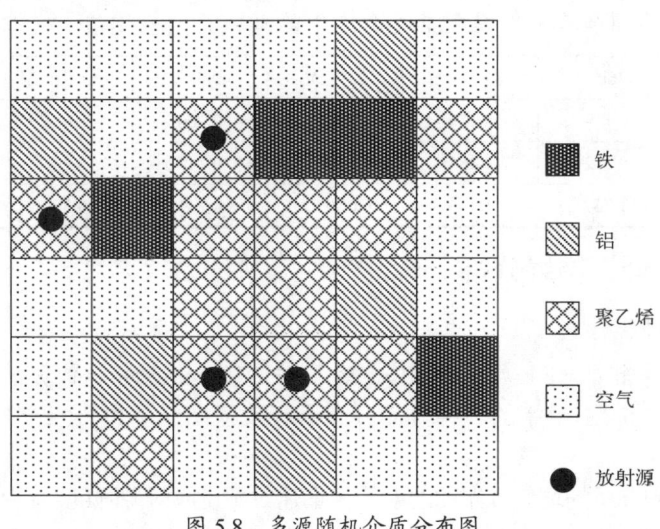

图 5.8　多源随机介质分布图

在已知介质分布的情况下，根据各种材料的衰减系数标称值，就可以得到

衰减系数矩阵 μ_k。衰减系数的标称值可用 MCNP 软件模拟得到，也可以通过对多个已知能量的 γ 射线衰减系数值进行指数曲线拟合后求得。图 5.9 所示为铁和铝介质衰减系数拟合曲线。表 5.2 所列为采用指数曲线拟合方法得到的不同能量 γ 射线在常见介质中衰减系数的标称值。

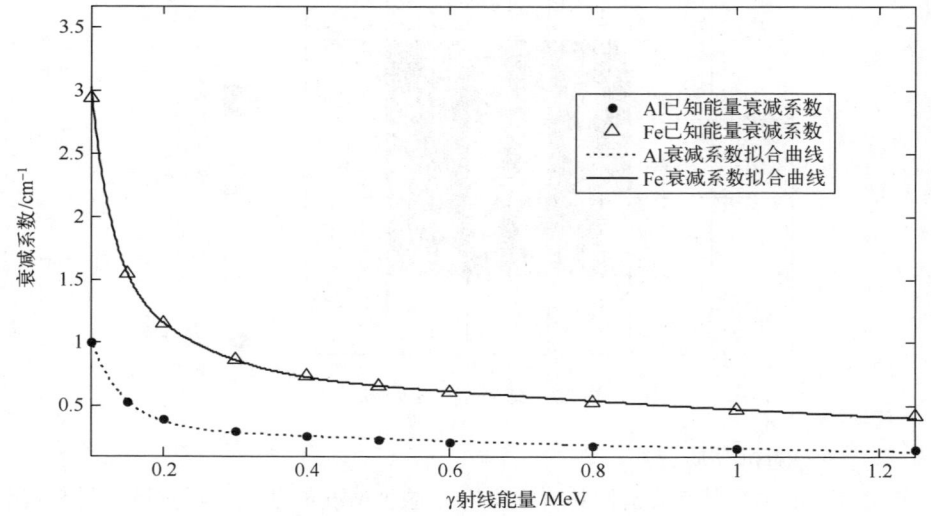

图 5.9 介质衰减系数拟合曲线

表 5.2 不同能量 γ 射线在常见介质中的衰减系数标称值　（单位：cm^{-1}）

材料	136keV	185.72keV	279keV	400keV	661.62keV	778keV
聚乙烯	0.154	0.139	0.122	0.106	0.086	0.080
铝	0.382	0.335	0.287	0.249	0.201	0.187
铁	1.767	1.166	0.911	0.743	0.594	0.552

5.3.2 计算结果分析

1）无噪声情况

下面运用加型 ART 算法、ML-EM 算法、Richardson 迭代算法、Log 熵迭代算法分别对 5.3.1 节中的 3 种样品分布进行发射图像重建，对比分析算法的优劣性。

（1）相同介质的均匀分布的发射图像重建。预设放射源强度 S_{58} 为 100000Bq，位于 58 号体素（第 4 行和第 4 列交叉位置）中，分别运用加型 ART 算法、ML-EM 算法、Richardson 迭代算法、Log 熵迭代算法进行图像重建。重建质量的好坏由 3 个评价指标来表示，d 称为归一化均方距离判据，反应某些体素产生较大误差的情况；r 称为归一化平均绝对距离判据，对许多体素均有一些小误差的情况比较敏感；e 表示最坏情况距离判据，这几个指标数值越小，表示重建图像与原始图像越接近。

图 5.10 所示为这 4 种迭代算法收敛效果图，从图中可以看出，加型 ART 算法在 200 次迭代以后 d、r 和 e 已经完全收敛，且收敛效果很好；ML-EM 算法在 150 次迭代以后 r 和 e 收敛，300 次迭代以后 d 趋于平稳；Richardson 迭代算法在 200 次迭代以后 d 收敛，但是在 300 次迭代以后 r 和 e 仍未收敛；Log 熵迭代算法 r 和 e 在 50 次迭代以内收敛，150 次迭代后 d 收敛。

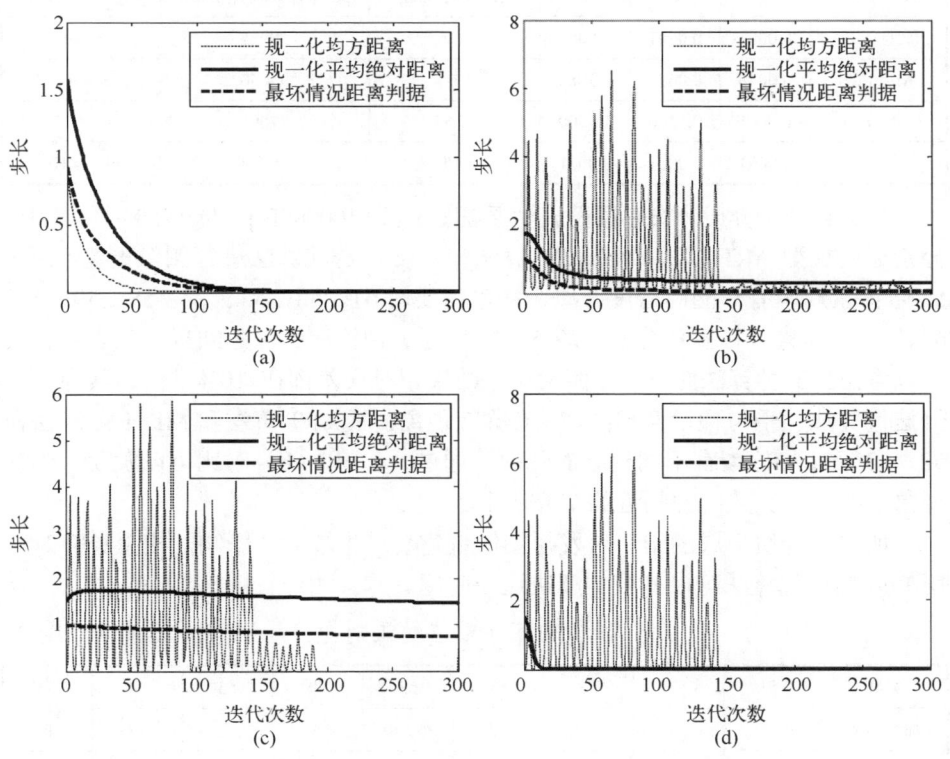

图 5.10 4 种迭代算法收敛效果
（a）加型 ART；（b）ML-EM；（c）Richardson；（d）Log。

为进一步对比 4 种算法的计算时间和准确度，将迭代次数 n 设为 300 次，在 Intel Pentium(R) Dual-Core E6500 2.93GHz CPU、2G DDR2 内存、Windows XP Professional 的计算机和 MATLAB 7.8 软件平台上进行模拟计算，计算结果如表 5.3 所列。

从表中数据可以看出，Richardson 迭代算法由于收敛速度太慢，完全收敛要 1h 以上，不能快速重建发射图像。ML-EM 算法耗时最短，但偏差相对较大；Log 熵迭代和加型 ART 算法准确度很高，尤其是 Log 熵迭代重建后图像与原始图像几乎一样，但是其计算时间相对较长。

综上所述，在均匀介质分布的情况下，加型 ART、ML-EM 算法和 Log 熵迭代算法都满足了快速、准确重建发射图像的要求，所以下面只对这 3 种算法进行讨论。

表 5.3 4 种算法重建质量和重建速度对比

算法种类	d	e	r	计算时间/s	58 号体素重建值/Bq	相对误差/%
加型 ART	0.0001	0.0001	0.0001	2.26	99995	−0.05
ML-EM	0.0048	0.0496	0.3080	0.05	95040	−4.96
Richardson	0.0001	0.7300	1.4500	57.82	27001	−73.00
Log	0.0001	0.0001	0.0001	85.52	100000	-2.57×10^{-4}

（2）结块型介质分布。预设放射源强度 S_{58} 为 100000Bq，位于 58 号体素中，分别运用加型 ART 算法、ML-EM 算法和 Log 熵迭代算法进行图像重建。由于 58 号体素周围有一圈高密度介质，所以需要对 51、52、53、57、58、59、63、64、65 号体素进行着重分析。表 5.4 所列为 3 种算法的重建结果。从表中数据可以看出，3 种算法对 58 号体素重建结果相对误差都在 10%以内，其中 Log 熵迭代算法几乎与预设值相同，没有弥散现象，而 ART 算法和 ML-EM 算法在 52、53、64 号体素有不同程度的弥散。通过（a）和（b）对比可以发现，弥散现象一般发生在放射源临近的重介质上。

所以重介质形成的结块对发射图像重建会产生较大的影响，模拟计算时采用 Log 熵迭代算法可以有效的解决这一问题。

表 5.4 3 种算法重建结果对比　　　　　　　　　（单位：Bq）

体素号	51	52	53	57	58	59	63	64	65
加型 ART	0	35	0	36	99340	0	4	2172	0
ML-EM	0	456	485	0	90571	0	0	1240	0
Richardson	—	—	—	—	—	—	—	—	—
Log	0	0	0	0	99965	0	0	2	0

（3）多源随机介质分布。

在这种介质分布情况下，为了讨论不同算法对不同放射源分布的适用性，设置了 4 组 S_j 值。第 1 组 S_j 值分布较均匀，数值较小，取值为 $1\times10^3 \sim 2\times10^3$ Bq；

第 2 组 S_j 值分布较均匀,数值较大,取值为 $1\times10^7\sim2\times10^7$ Bq;第 3 组 S_j 值分布不均匀,数值较小,取值为 $1\times10^2\sim9\times10^4$ Bq;第 4 组 S_j 值分布不均匀,数值较大,取值为 $1\times10^5\sim9\times10^7$ Bq。

表 5.5 为在第 1 组 S_j 值情况下第二层体素重建结果,ML-EM 算法的准确度最高,与原图像完全吻合;加型 ART 算法和 Log 熵迭代算法相对较差,但是重建结果相对误差都在 5%以内,所以 3 种算法都满足发射图像重建的要求。

表 5.5 在第 1 组 S_j 值情况下第二层体素重建结果

体素号	第 1 组 S_j 值/Bq	加型 ART 算法		ML-EM 算法		Log 算法	
		重建值/Bq	相对误差/%	重建值/Bq	相对误差/%	重建值/Bq	相对误差/%
37	1000	997	−0.30	1000	0	999	−0.10
38	1500	1503	0.20	1500	0	1501	0.07
39	1600	1600	0	1600	0	1600	0
40	1700	1699	−0.06	1700	0	1699	−0.06
41	1800	1802	0.11	1800	0	1801	0.06
42	1900	1901	0.05	1900	0	1900	0
43	2000	2007	0.35	2000	0	2003	0.15
44	1900	1897	−0.16	1900	0	1898	−0.11
45	1000	1004	0.40	1000	0	1002	0.20
46	2000	1990	−0.50	2000	0	1997	−0.15
47	1000	988	−1.20	1000	0	998	−0.20
48	1500	1498	−0.13	1500	0	1499	−0.07
49	1600	1599	−0.06	1600	0	1600	0
50	1800	1780	−1.11	1800	0	1788	−0.67
51	1900	1910	0.53	1900	0	1905	0.26
52	1700	1703	0.18	1700	0	1700	0
53	1600	1604	0.25	1600	0	1601	0.06
54	1500	1505	0.33	1500	0	1501	0.07
55	1000	1005	0.50	1000	0	1002	0.20
56	1500	1497	−0.20	1500	0	1500	0
57	1600	1599	−0.06	1600	0	1599	−0.06
58	1700	1689	−0.65	1700	0	1695	−0.29
59	1800	1789	−0.61	1800	0	1798	−0.11
60	1900	1900	0	1900	0	1900	0
61	2000	1996	−0.20	2000	0	1994	−0.30

续表

体素号	第1组 S_j 值/Bq	加型 ART 算法		ML-EM 算法		Log 算法	
		重建值/Bq	相对误差/%	重建值/Bq	相对误差/%	重建值/Bq	相对误差/%
62	1900	1816	−4.42	1900	0	1875	−1.32
63	1000	1020	2.00	1000	0	1009	0.90
64	2000	1997	−0.15	2000	0	1999	−0.05
65	1000	1006	0.60	1000	0	1002	0.20
66	1500	1501	0.07	1500	0	1501	0.07
67	1600	1594	−0.38	1600	0	1602	0.13
68	1800	1886	4.78	1800	0	1823	1.28
69	1900	1865	−1.84	1900	0	1892	−0.42
70	1700	1718	1.06	1700	0	1704	0.24
71	1600	1594	−0.38	1600	0	1599	−0.06
72	1500	1503	0.20	1500	0	1500	0

剩下 3 组的重建结果如表 5.6～表 5.8 所列，仔细研究发现，第 2 组与第 1 组结果相似，说明 3 种算法对较均匀的 S_j 值分布都能适用；第 3 组与第 4 组结果相似，其中以加型 ART 算法和 ML-EM 算法最优，相对误差都在 2%以内；Log 熵迭代算法个别体素的重建结果相对误差在 100%以上，对非均匀 S_j 值分布不适用。

综上所述，对于分布较均匀的 S_j 值，3 种算法都有很强的适用性。对于分布不均匀的 S_j 值，加型 ART 算法和 ML-EM 算法重建结果很好，Log 熵迭代算法不能满足发射图像重建的要求。

表 5.6　在第 2 组 S_j 值情况下第二层体素重建结果

体素号	第2组 S_j 值/Bq	加型 ART 算法		ML-EM 算法		Log 算法	
		重建值/Bq	相对误差/%	重建值/Bq	相对误差/%	重建值/Bq	相对误差/%
37	1.00E+07	1.00E+07	−0.33	1.00E+07	0	1.00E+07	−0.10
38	1.50E+07	1.50E+07	0.17	1.50E+07	0	1.50E+07	0.04
39	1.60E+07	1.60E+07	−0.03	1.60E+07	0	1.60E+07	0.02
40	1.70E+07	1.70E+07	−0.07	1.70E+07	0	1.70E+07	−0.05
41	1.80E+07	1.80E+07	0.13	1.80E+07	0	1.80E+07	0.05
42	1.90E+07	1.90E+07	0.03	1.90E+07	0	1.90E+07	0.01
43	2.00E+07	2.01E+07	0.35	2.00E+07	0	2.00E+07	0.17

续表

体素号	第2组S_j值/Bq	加型ART算法		ML-EM算法		Log算法	
		重建值/Bq	相对误差/%	重建值/Bq	相对误差/%	重建值/Bq	相对误差/%
44	1.90E+07	1.90E+07	−0.15	1.90E+07	0	1.90E+07	−0.09
45	1.00E+07	1.00E+07	0.45	1.00E+07	0	1.00E+07	0.23
46	2.00E+07	1.99E+07	−0.49	2.00E+07	0	2.00E+07	−0.14
47	1.00E+07	1.00E+07	−1.19	1.00E+07	0	1.00E+07	−0.24
48	1.50E+07	1.50E+07	−0.14	1.50E+07	0	1.50E+07	−0.07
49	1.60E+07	1.60E+07	−0.07	1.60E+07	0	1.60E+07	−0.02
50	1.80E+07	1.78E+07	−1.10	1.80E+07	0	1.79E+07	−0.67
51	1.90E+07	1.91E+07	0.51	1.90E+07	0	1.90E+07	0.25
52	1.70E+07	1.70E+07	0.16	1.70E+07	0	1.70E+07	0.01
53	1.60E+07	1.60E+07	0.25	1.60E+07	0	1.60E+07	0.09
54	1.50E+07	1.50E+07	0.33	1.50E+07	0	1.50E+07	0.07
55	1.00E+07	1.01E+07	0.54	1.00E+07	0	1.00E+07	0.23
56	1.50E+07	1.50E+07	−0.17	1.50E+07	0	1.50E+07	−0.01
57	1.60E+07	1.60E+07	−0.04	1.60E+07	0	1.60E+07	−0.08
58	1.70E+07	1.69E+07	−0.68	1.70E+07	0	1.70E+07	−0.28
59	1.80E+07	1.79E+07	−0.60	1.80E+07	0	1.80E+07	−0.13
60	1.90E+07	1.90E+07	0.01	1.90E+07	0	1.90E+07	−0.01
61	2.00E+07	2.00E+07	−0.19	2.00E+07	0	1.99E−07	−0.28
62	1.90E+07	1.82E+07	−4.41	1.90E+07	0	1.88E−07	−1.31
63	1.00E+07	1.02E+07	1.97	1.00E+07	0	1.01E−07	0.86
64	2.00E+07	2.00E+07	−0.14	2.00E+07	0	2.00E+07	−0.07
65	1.00E+07	1.01E+07	0.56	1.00E+07	0	1.00E+07	0.17
66	1.50E+07	1.50E+07	0.06	1.50E+07	0	1.50E+07	0.07
67	1.60E+07	1.59E+07	−0.39	1.60E+07	0	1.60E+07	0.13
68	1.80E+07	1.89E+07	4.80	1.80E+07	0	1.82E+07	1.25
69	1.90E+07	1.87E+07	−1.84	1.90E+07	0	1.89E+07	−0.42
70	1.70E+07	1.72E+07	1.07	1.70E+07	0	1.70E+07	0.22
71	1.60E+07	1.59E+07	−0.38	1.60E+07	0	1.60E+07	−0.04
72	1.50E+07	1.50E+07	0.20	1.50E+07	0	1.50E+07	0.01

表 5.7 在第 3 组 S_j 值情况下第二层体素重建结果

体素号	第 3 组 S_j 值/Bq	加型 ART 算法		ML-EM 算法		Log 算法	
		重建值/Bq	相对误差/%	重建值/Bq	相对误差/%	重建值/Bq	相对误差/%
37	100	100.31	0.31	100.12	0.12	92.71	−7.29
38	1500	1499.65	−0.02	1500	0	1493.05	−0.46
39	160	160.16	0.10	1600.88	0.06	167.09	4.43
40	1700	1700.06	0.01	1700	0	1694.37	−0.33
41	1800	1799.79	−0.01	1800	0	1826.57	1.48
42	1900	1900	0	1900	0	1904.52	0.24
43	90000	90000	0	90000	0	90074.25	0.08
44	1900	1900.21	0.01	1900	0	1897.79	−0.12
45	1000	999.72	−0.03	1000	0	1014.33	1.43
46	2000	2001.06	0.05	2000	0	1903.36	−4.83
47	1000	1000.80	0.08	999.50	−0.05	870.72	−12.93
48	150	150.14	0.09	149.96	−0.03	129.44	−13.70
49	1600	1600.24	0.02	1600	0	1557.31	−2.67
50	1800	1800.28	0.02	1799.28	−0.04	1631.67	−9.35
51	1900	1899.28	−0.04	1900.15	0.01	1975.53	3.98
52	170	169.71	−0.17	170.14	0.08	236.64	39.20
53	1600	1599.75	−0.02	1600	0	1597.66	−0.15
54	1500	1499.54	−0.03	1500	0	1531.38	2.09
55	1000	999.71	−0.03	1000.50	0.05	1069.81	6.98
56	1500	1500.44	0.03	1500.12	0.01	1450.91	−3.27
57	160	160.04	0.02	159.8	−0.12	160.96	0.60
58	1700	1700.97	0.06	1699.49	−0.03	1579.74	−7.07
59	1800	1800.90	0.05	1800.36	0.02	1798.02	−0.11
60	1900	1900.05	0.01	1900	0	1874.24	−1.36
61	2000	1999.11	−0.04	1997.80	−0.11	1652.79	−17.36
62	1900	1907.81	0.41	1900.95	0.05	1878.24	−1.15
63	100	98.38	−1.62	99.83	−0.17	215.39	115.37
64	2000	2000.09	0.01	2000.18	0.01	1981.41	−0.93
65	8000	7999.38	−0.01	8000	0	8074.11	0.93
66	1500	1500	0	1500.30	0.02	1564.64	4.31
67	160	162.90	1.81	162.61	1.63	468.99	193.12
68	1800	1790.76	−0.51	1797.90	−0.17	1650.56	−8.30
69	190	193.16	1.66	192.07	1.09	331.81	74.64

续表

体素号	第 3 组 S_j 值/Bq	加型 ART 算法		ML-EM 算法		Log 算法	
		重建值/Bq	相对误差/%	重建值/Bq	相对误差/%	重建值/Bq	相对误差/%
70	1700	1697.95	−0.12	1699.83	−0.01	1616.87	−4.89
71	1600	1600.62	0.04	1599.68	−0.02	1618.84	1.18
72	150	149.75	−0.16	149.69	−0.21	93.14	−37.90

表 5.8 在第 4 组 S_j 值情况下第二层体素重建结果

体素号	第 4 组 S_j 值/Bq	加型 ART 算法		ML-EM 算法		Log 算法	
		重建值/Bq	相对误差/%	重建值/Bq	相对误差/%	重建值/Bq	相对误差/%
37	1.00E+05	1.00E+05	0.31	1.00E+05	−0.06	9.86E+04	−1.38
38	1.50E+06	1.50E+06	−0.02	1.50E+06	0	1.48E+04	−1.09
39	1.60E+05	1.60E+05	0.10	1.60E+05	0.02	1.79E+05	11.71
40	1.70E+06	1.70E+06	0.01	1.70E+06	−0.01	1.68E+06	−0.83
41	1.80E+06	1.80E+06	−0.01	1.80E+06	0	1.83E+06	1.61
42	1.90E+06	1.90E+06	0	1.90E+06	0	1.90E+06	0.13
43	9.00E+03	9.00E+03	0	9.16E+03	1.67	9.01E+03	0.10
44	1.90E+06	1.90E+06	0.01	1.90E+06	−0.01	1.87E+06	−1.49
45	1.00E+06	1.00E+06	−0.03	1.00E+06	0.01	1.03E+06	3.54
46	2.00E+06	2.00E+06	0.06	2.00E+06	−0.01	1.87E+06	−6.30
47	1.00E+06	1.00E+06	0.08	1.00E+06	0.01	8.98E+05	−10.16
48	1.50E+05	1.50E+05	0.09	1.50E+05	−0.05	1.33E+05	−11.50
49	1.60E+06	1.60E+06	0.02	1.60E+06	0	1.56E+06	−2.39
50	1.80E+06	1.80E+06	0.02	1.80E+06	−0.05	1.60E+06	−10.97
51	1.90E+06	1.90E+06	−0.04	1.90E+06	0.01	1.99E+06	4.13
52	1.70E+05	1.70E+05	−0.17	1.70E+05	0.01	2.45E+05	44.20
53	1.60E+06	1.60E+06	−0.02	1.60E+06	0	1.58E+06	−1.55
54	1.50E+06	1.50E+06	−0.03	1.50E+06	0.01	1.54E+06	2.39
55	1.00E+06	1.00E+06	−0.03	1.00E+06	0.01	1.08E+06	7.77
56	1.50E+06	1.50E+06	0.03	1.50E+06	0.01	1.46E+06	−2.83
57	1.60E+05	1.60E+05	0.02	1.60E+05	−0.06	1.64E+05	2.67
58	1.70E+06	1.70E+06	0.06	1.70E+06	−0.01	1.58E+06	−7.01
59	1.80E+06	1.80E+06	0.05	1.80E+06	−0.01	1.81E+06	0.49
60	1.90E+06	1.90E+06	0.01	1.90E+06	0	1.87E+06	−1.58
61	2.00E+06	2.00E+06	−0.04	2.00E+06	−0.02	1.54E+06	−22.97
62	1.90E+06	1.91E+06	0.41	1.90E+06	−0.03	1.97E+06	3.52

续表

体素号	第4组 S_j 值/Bq	加型ART算法		ML-EM算法		Log算法	
		重建值/Bq	相对误差/%	重建值/Bq	相对误差/%	重建值/Bq	相对误差/%
63	1.00E+05	9.84E+04	-1.62	1.00E+05	0.40	2.28E+05	128.62
64	2.00E+06	2.00E+06	0.01	2.00E+06	-0.01	1.97E+06	-1.65
65	8.00E+06	8.00E+06	-0.01	8.00E+06	0	8.07E+06	0.90
66	1.50E+06	1.50E+06	0	1.50E+06	0.01	1.57E+06	4.94
67	1.60E+05	1.62E+05	1.19	1.60E+05	0.23	5.79E+05	261.89
68	1.80E+06	1.79E+06	-0.51	1.80E+06	0	1.51E+06	-15.89
69	1.90E+05	1.93E+05	1.58	1.90E+05	-0.09	3.92E+05	106.25
70	1.70E+06	1.70E+06	-0.12	1.70E+06	0.01	1.58E+06	-7.22
71	1.60E+06	1.60E+06	0.04	1.60E+06	0	1.63E+06	2.07
72	1.50E+05	1.50E+05	-0.17	1.50E+05	-0.01	9.47E+04	-36.89

2) 有噪声情况

在实际测量中,由于环境本底、电子学系统噪声、测量误差等因素的影响,会给测量值 D_i 带来噪声,发射测量方程组的相容性受到破坏,影响发射测量的重建结果。所以发射图像重建算法的抗噪能力必须较强,才能满足准确重建图像的要求。为验证加型ART算法、ML-EM算法和Log熵迭代算法的抗噪声能力,在 D_i 上加入噪声,即

$$D_i \Leftarrow D_i(1+p\cdot\varepsilon) \quad (5\text{-}3\text{-}1)$$

式中:ε 为[0,1]上的随机数;p 为噪声权重因子,取值为0.1时,测量值 D_i 增加5%。

当模拟实验条件为多源随机介质分布的第1组 S_j 时,分别用加型ART算法、ML-EM算法和Log熵迭代算法进行重建,p 取0.05和0.1。

图5.11为 p 取0.05时,运用3种算法重建后第二层体素的相对误差。除了加入噪声以外,其他条件与表5.5结果的计算条件一致,通过对比可以发现,加入噪声后重建结果会变得很坏,说明噪声对重建结果有极大的影响。在实际测量中,应该尽量避免噪声的介入,否则无法得到准确的发射图像。

通过图5.11中3种算法的重建结果对比可以发现,ML-EM算法的抗噪能力最强,Log熵迭代算法次之,加型ART算法最差。所以在实际测量分析中,应该尽量避免使用加型ART算法重建发射图像。

第5章 发射图像重建算法

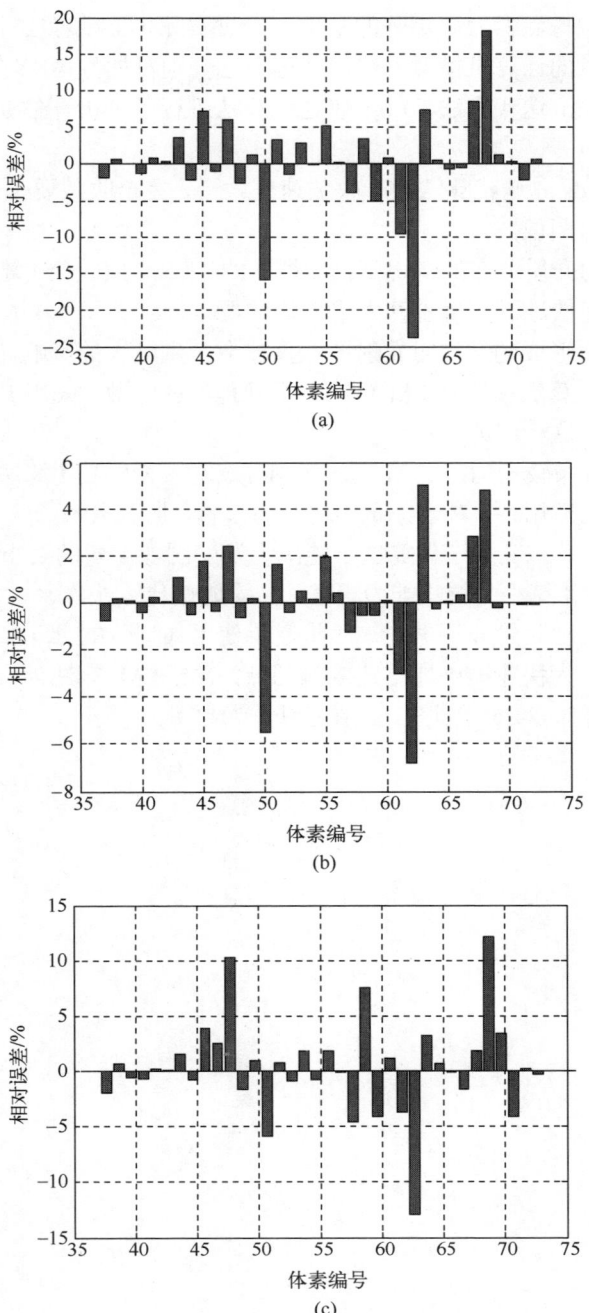

图 5.11 加入噪声后 3 种迭代算法重建结果
(a) 加型 ART;(b) ML-EM;(c) Log。

本章在获取探测器效率矩阵的基础上，对实际 TGS 装置进行了合理简化，建立了发射测量的计算机模拟方法，并运用它分别对加型 ART 算法、ML-EM 算法、Richardson 迭代算法、Log 熵迭代算法进行了分析评估。最终得出如下结论。

（1）Richardson 迭代算法由于收敛速度太慢，完全收敛要 1h 以上，不能用于快速重建发射图像。

（2）在均匀介质分布的情况下，加型 ART 算法、ML-EM 算法和 Log 熵迭代算法都能满足快速、准确重建发射图像的要求。

（3）重介质形成的结块对发射图像重建会产生较大的影响，主要是在结块上的弥散，ART 算法和 ML-EM 算法有不同程度的弥散，采用 Log 熵迭代算法可以有效地解决这一问题。

（4）对于分布较均匀的 S_j 值，加型 ART 算法、ML-EM 算法和 Log 熵迭代算法都有很强的适用性。对于分布不均匀的 S_j 值，加型 ART 算法和 ML-EM 算法重建结果很好，Log 熵迭代算法不能满足发射图像重建的要求。

（5）ML-EM 算法的抗噪能力最强，Log 熵迭代算法次之，加型 ART 算法最差。所以在实际测量分析中应该尽量避免使用加型 ART 算法重建发射图像。

综上所述，为快速准确地重建发射图像，ML-EM 算法为最佳选择，当介质结块现象严重时，Log 熵迭代算法可以作为参考。

第 6 章 TGS 装置及实验研究

6.1 TGS 装置基本组成

TGS 技术从本质上讲是 CT 技术在 γ 放射性能谱测量分析中的发展和应用，其在硬件结构、测量原理和图像重建等方面都与 CT 相类似。TGS 系统主要由透射源组合件、样品定位扫描系统、HPGe 探测器系统、数据获取分析及测量控制系统四部分组成，如图 6.1 所示。

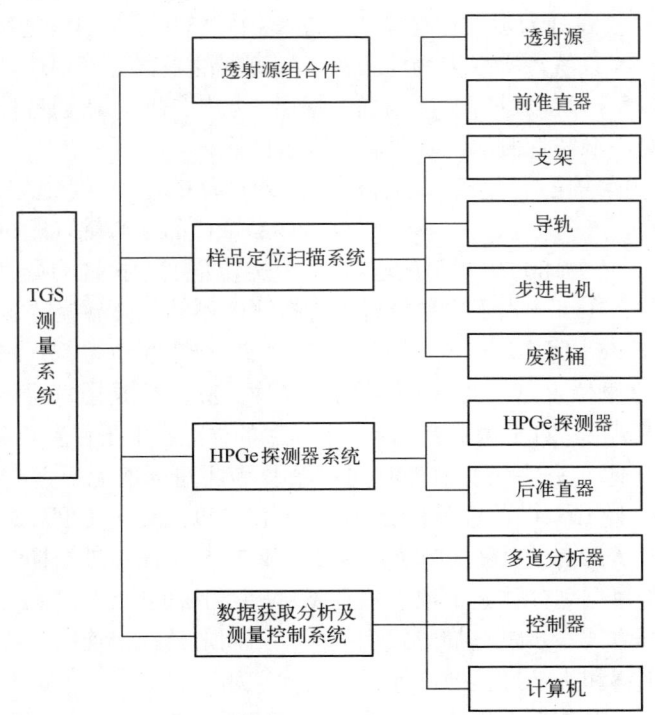

图 6.1 TGS 系统结构框图

（1）透射源组合件。主要由透射源和前准直器组成。透射源用于产生透射扫描所需要的 γ 射线束，前准直用于对 γ 射线束起准直作用。

（2）样品定位扫描系统。主要由支架、导轨、步进电机和废料桶等组成，用于使样品实现平移、旋转、升降，完成探测系统所需要的所有机械动作。

（3）HPGe 探测器系统。由 HPGe 探测器和后准直器组成。HPGe 探测器用于记录透射测量与发射测量时，进入 HPGe 探测器内的 γ 射线，并将其转化为电信号，由多道分析器获取数据；后准直器的作用与透射源前准直器类似，用于限定 HPGe 探测器的探测范围。

（4）数据获取分析及测量控制系统。主要由多道分析器、控制器和计算机组成。多道分析器用于记录探测器测到的 γ 射线能谱，并输入到计算机供图像重建分析使用；控制器和计算机协同负责控制样品定位扫描，实现机械运动的精确控制、系统的逻辑控制、系统的时序控制、扫描工作流程的顺序控制和系统各部分间的协调。另外，计算机中安装有系统控制、测量、数据分析和图像处理等软件，负责对整个系统进行控制、数据采集和数据分析，并将数据分析的结果以图像的形式展现出来。

TGS 扫描模式分为步进扫描模式和连续扫描模式。在扫描过程中，首先通过样品定位扫描系统，实现废物桶相对于探测器的垂直上下移动，将样品轴向分层，然后在每一层内进行层析扫描。每层的层析扫描，是通过样品水平旋转以及样品相对于源和探测器的水平移动实现的。

步进扫描模式是一种平移加旋转模式。对样品的每一层，选取 M 个等间隔的平移位置点，在每一水平平移位置点，样品绕样品中心轴以顺时针（或逆时针）旋转。在 0°～180° 内等角度选取 N 个旋转角度。扫描测量时，先确定水平平移位置点。在每一水平平移位置点，探测器不动，样品旋转 N 次，每次旋转角度为 $180°/N$。每旋转一次，测量一次，每一个水平位置点，测量 N 次，一层内有 M 个水平位置点，共扫描测量 $N×M$ 次。M 的值是由每层体素的多少决定的。通常情况下，对于每层有 $M×M$ 个体素的样品，水平位置点就取为 M。N 的取值要大于 M，但是考虑到测量时间的原因，N 不可能取无限大，一般在 $1.5×M$ 附近选取。对于 10×10 的样品，$M=10$，$N=15$，每次旋转角度 12°；对于 6×6 的样品，$M=6$，$N=9$ 或 8，每次旋转角度 20° 或 22.5°。在步进扫描时，注意 $M×N$ 应等于或大于每层划分体素个数，并且 $M×N$ 个测量值应相互独立。

连续扫描方式与步进扫描方式相类似，不同之处在于连续扫描测量是在样品缓慢连续平移和旋转过程中进行的，其优点如下。

（1）避免了在旋转、平移过程中测量的间断，节省了测量时间。

（2）避免了步进扫描模式中由于每次测量样品位置或旋转角度定位不一致带来的测量误差。

（3）TGS 测量过程中，其体素划分一般比较大（如 5cm×5cm×5cm 的小立方体)。在实际情况下,体素内介质密度和放射性活度分布都不会是均匀的。在步进扫描过程中,射线穿过体素的路线是固定的,会存在很多的测量盲区。连续扫描测量是在样品一边平动一边旋转的过程中获取数据的,体素的各部分在扫描测量的过程中都会被透射束穿过,不存在测量的盲区。因此,图像重建的结果更能反映样品的真实情况。

6.2 TGS 实验装置

TGS 实验装置如图 6.2 所示,主要由透射源组合件、样品定位扫描及测量控制系统、HPGe 探测器系统、多道分析与数据获取系统等部分组成。

图 6.2 TGS 装置的主体图

1. 透射源组合件

透射源组合件(图 6.2 左边部分),由透射源和准直器构成。准直器的材料为铅,准直孔的直径为 0.4cm,深度为 4.9cm,如图 6.3 所示。透射源安装在距准直器外端 13.1cm 的圆柱形槽内,如图 6.4 所示。由编程控制电机自动完成透射源的打开和关闭。详细尺寸如表 6.1 所列。

图 6.3 透射装置准直器

图 6.4　放置透射源的圆柱形槽

表 6.1　TGS 装置透射源组合件主要几何尺寸

序号	项目	尺寸
1	透射源准直器距探测器前表面	82.9cm
2	透射源准直孔深度	4.9cm
3	透射源准直孔直径	0.4cm
4	透射源	$\phi 0.6\text{cm}\times 1.5\text{cm}$

2．样品定位扫描及测量控制系统

样品定位扫描及测量控制系统（图 6.2 中间部分），由样品台（放置实验用的体素块，如图 6.5 所示）、带标尺的水平导轨、水平运动电机、带标尺的垂直丝杆、垂直升降电机、标有角度的旋转盘、旋转运动电机、承重支架、控制器等构成。运用控制器通过编程控制，自动完成平动、旋转和升降的三维扫描功能。

图 6.5　样品台及体素块

3. HPGe 探测器系统

HPGe 探测器系统（图 6.2 右边部分），由后准直器和 HPGe 探测器组成。探测器晶体前表面到后准直器前表面的距离为 21.1cm，晶体直径为 5.55cm，探测器的准直孔是一个正方形，左右各切掉了一个小角，正方形对角线长 7.9cm，后准直器如图 6.6 所示。HPGe 探测器型号是 GR3019，详细参数如表 3.14 所列。

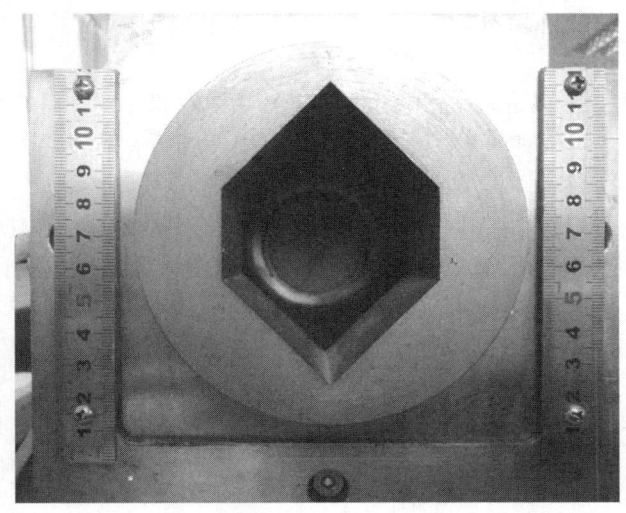

图 6.6 后准直器

4. 多道分析与数据获取系统

多道分析与数据获取系统，由 DSPEC-PRO 数字多道谱仪和计算机系统组成，如图 6.7 所示。多道谱仪用于获取探测器探测到的数据，输入到计算机系统中由 GENIE-2000 软件进行解谱。计算机系统还用于对上述控制器的读写，达到控制样品台旋转、升降和平移的目的。

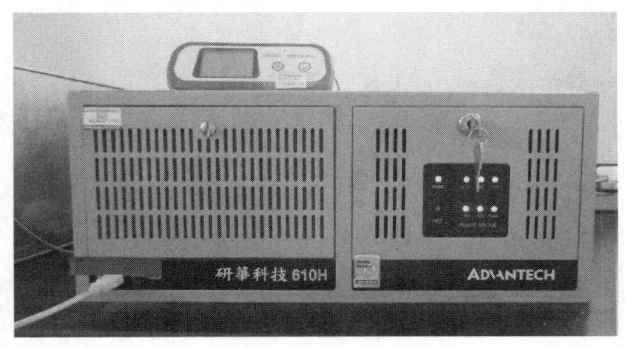

图 6.7 多道谱仪和计算机系统

6.3 TGS 软件平台设计

软件（Software）是计算机系统中与硬件（Hardware）相互依存的另一部分，它包括程序（Program）、相关数据（Data）及其说明文档（Document）。其中程序是按照事先设计的功能和性能要求执行的指令序列，数据是程序能正常操纵信息的数据结构，文档是与程序开发维护和使用有关的各种图文资料。

软件工程（Software Engineering，SE）是针对软件这一具有特殊性质的产品的工程化方法。软件工程涵盖了软件生存周期的所有阶段，并提供了一整套工程化的方法指导软件人员的工作。

如同传统工程的生产线上有很多工序，每道工序都有明确的规程，软件生产线上的工序主要包括需求、概要设计、详细设计、编码、测试、提交、维护等。

图 6.8 是软件开发的路线图，这个路线图展示了软件开发的基本工艺流程，从需求分析开始。需求分析是项目开发的基础；概要设计为软件需求提供了实施方案；详细设计是对概要设计的细化，为编码提供依据；编码是软件的具体实现；测试是验证这个软件的正确性；产品提交是将软件提交给使用者。在软件的使用过程中有问题需要维护。

图 6.8 软件开发过程流程图

本文在熟练掌握 TGS 原理的基础上，以软件工程的方法，指导软件的开发工作。但由于时间限制等方面原因，研究只进行到测试阶段。

1. 需求分析

需求分析是关于用户对于 TGS 研究平台软件的功能和性能的要求。根据对 TGS 技术数据处理过程的理解，重点描述了 TGS 研究平台的功能需求，是概要设计阶段的重要输入。

该软件的核心功能是用户可以利用该平台在不同的探测系统参数下，选用某种透射图像重建算法，利用透射测量数据重建透射图像；选用某种发射图像重建算法，利用发射测量数据重建发射图像。用户可以通过比较各种算法的图像重建效果，对各种算法进行评价。图 6.9 是软件的研究功能活动图。用户一般按照这个活动流程完成 TGS 图像重建。

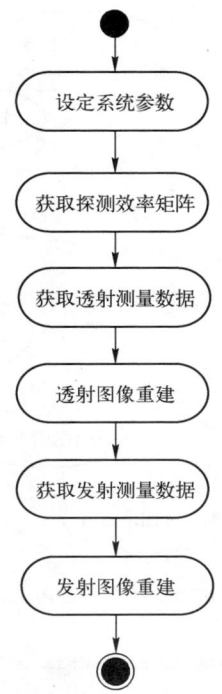

图 6.9 研究功能活动图

为更好地完成核心功能，还要求软件提供以下功能：利用无源刻度技术获取探测效率矩阵；由探测系统参数计算 γ 射线径迹长度；记录图像重建时长；显示各种数据和图像等。图 6.10 是它的用例图。

系统在 Windows XP 操作系统下使用 MATLAB 7.10.0(R2010a)作为开发平台进行开发。

MATLAB 是当今科研领域最常用的应用软件之一，它具有强大的矩阵计算、符号运算和数据可视化功能，是一种简单实用、可扩展的系统开发环境和平台。

MATLAB GUI 设计使用户不必深入掌握面向对象的编程语言，也能设计出精美的人机界面。与 VC++相比，MATLAB GUI 开发周期较短，而对于有一定 MATLAB 和 C 语言基础的用户来说，也相对容易上手，并且设计出来的界面，完全可与 VC++编写的界面媲美。

2．用户界面设计

主界面包括菜单栏、状态栏、图像显示区和文本显示区。菜单栏用于选择所要进行的操作，状态栏显示当前状态参数；图像显示区显示重建出的图像；文本显示区用于显示数据、文字等信息。界面布局如图 6.11 所示。

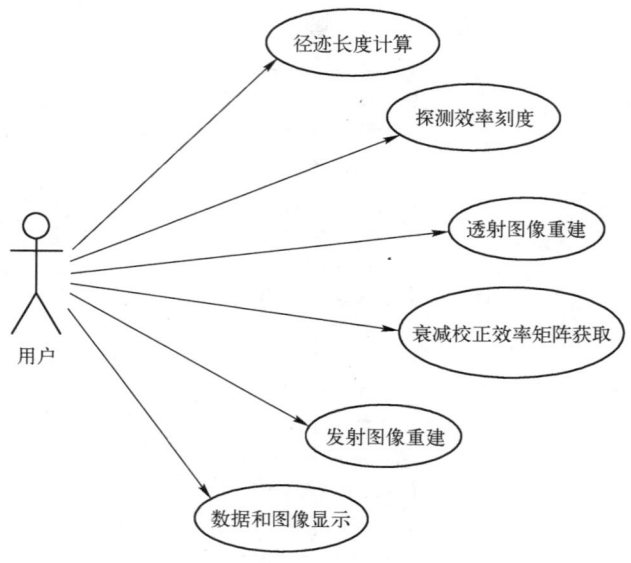

图 6.10 研究功能用例图

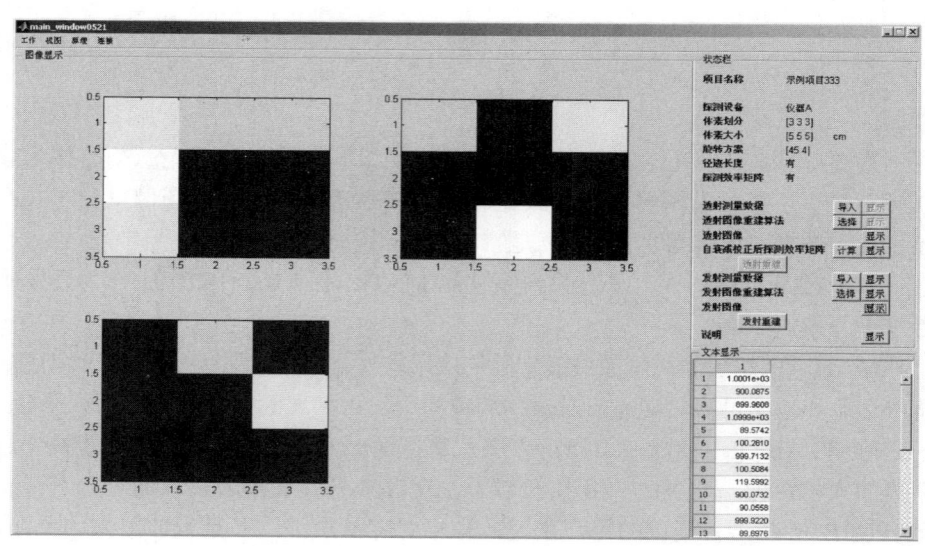

图 6.11 主界面布局

1）菜单栏

用户可以利用该软件进行的主要功能操作在菜单栏中都提供了路径。菜单栏项目如图 6.12 所示。

第6章 TGS装置及实验研究

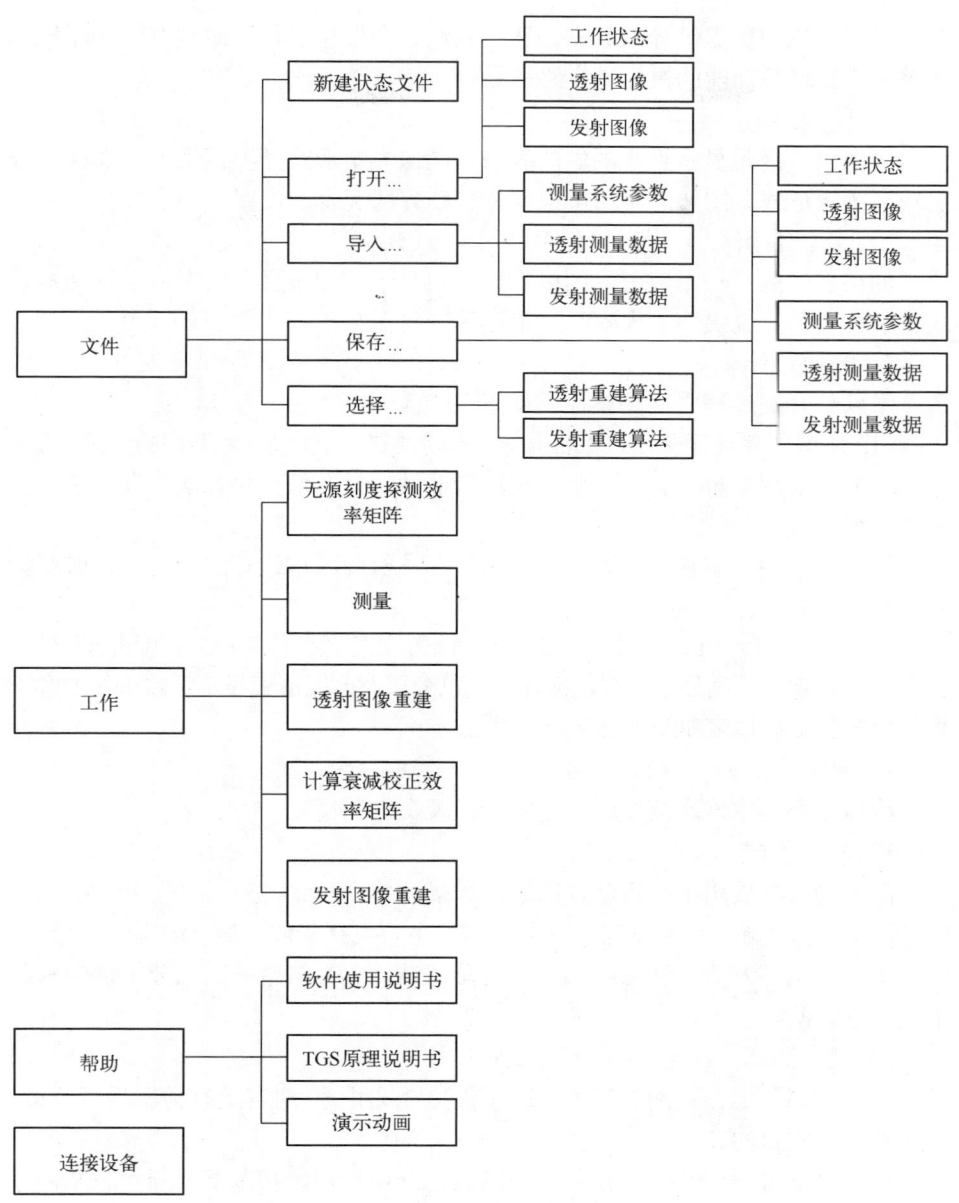

图6.12 菜单栏结构图

2）状态栏

状态栏显示当前状态。项目名称、探测设备、体素划分、体素大小等内容简短的可直接显示状态值；其他状态参数通过相应"显示"按钮是否可用提示有无。状态栏中还提供导入数据、选择算法、图像重建、无源刻度、衰减校正效率矩阵计算等功能的快捷操作路径。

3）图像显示区

图像显示区是显示重建图像的区域。图像显示形式是类似于 CT 那样的分层灰度图像形式。图像的布局可根据体素划分情况合理设置。

4）文本显示区

如果显示的是一组数值，则以表格形式显示；如果显示文字，则以文本形式显示。显示"说明"的内容时文本可编辑与保存。

3．模块设计

本软件开发过程中主要设计了以下几个模块。

（1）探测效率无源刻度。主要用于对不同时刻，探测器探测效率的无源刻度。

（2）透射图像重建。主要用于根据所选的透射图像重建算法，利用透射测量数据重建透射图像。

（3）发射图像重建。主要用于根据所选发射图像重建算法，利用发射测量数据重建发射图像。

（4）径迹长度计算。主要用于对不同时刻射线穿过各体素径迹长度进行计算。

（5）图像与数据显示。在图像显示区以分层灰度图形式显示重建出的图像，数值形式的数据以表格形式显示于文本显示区。

4．测试

测试主要包括静态测试、动态测试以及实例测试。

1）静态测试

静态测试主要用于检查软件的表示和描述是否一致，覆盖程序的编程格式、程序语法、检查独立语句的结构和使用等。主要包括代码检查、静态结构分析、代码质量度量等方法。静态测试主要是在 MATLAB 自带的语法分析器的辅助下人工进行的。

2）动态测试

动态测试是运行被测试程序，通过输入测试用例，对其运行情况进行分析，以达到检测的目的。

软件测试过程中，共进行了 7 项测试，分别为初始状态下打开状态文件、有正在进行的项目时打开状态文件、导入发射测量数据、保存当前状态、保存发射重建图像、衰减校正效率矩阵计算和发射图像重建。限于篇幅要求，只对初始状态下打开状态文件、保存发射重建图像以及重建发射图像进行介绍。

测试项目 1：初始状态下打开状态文件。

菜单栏点击"工作"→"打开..."→"状态文件"，如图 6.13 所示。在弹出的对话框中选择自己要打开的文件。图 6.14 为状态栏中显示的所选文件的储存状态。

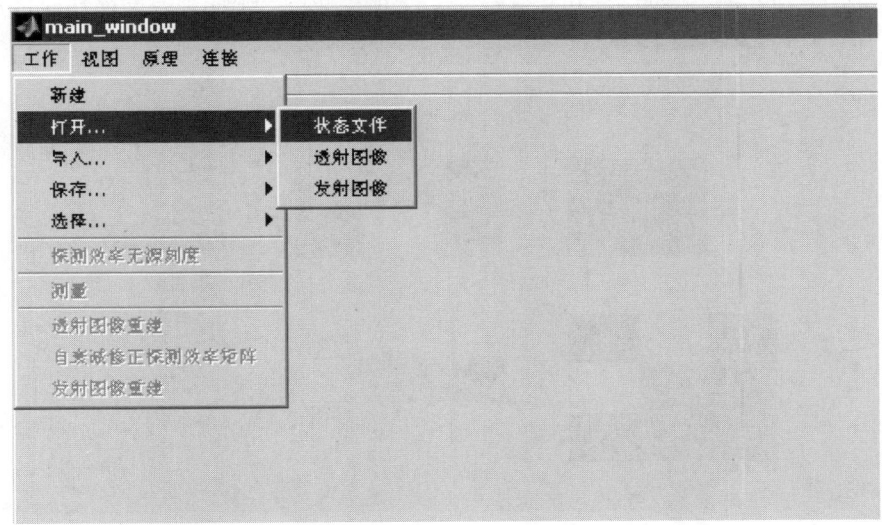

图 6.13　打开文件测试界面

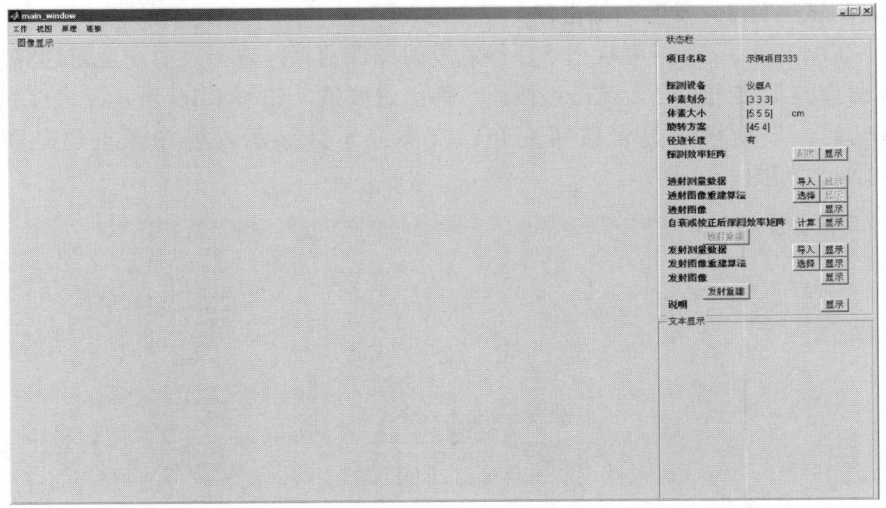

图 6.14　测试文件状态界面

测试项目 2：保存发射重建图像。

在测试项目 1 结束状态下，单击状态栏发射图像显示按钮，在显示区可以看到图像和数据，如图 6.13 所示。在菜单栏中点击"工作"→"保存..."→"发射重建图像"，弹出保存文件对话框，默认文件夹是"D:\TGS\emit_graph"，设置文件名并保存即可。新建项目后打开发射图像，再单击状态栏发射图像显示按钮，在显示区可以看到图像和数据与图 6.15 所示相同。说明保存图像功能正常。

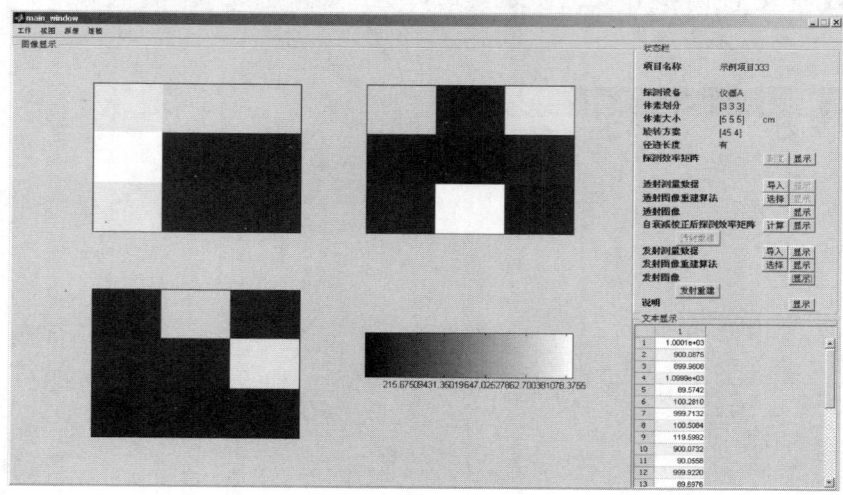

图 6.15　保存的发射图像灰度图界面

测试项目 3：发射图像重建。

在测试项目 5 结束状态下，导入发射图像数据，选择发射图像重建算法，"发射重建"按钮变亮。单击该按钮，弹出进度条，如图 6.16 所示。进度到达 100%后，发射图像显示按钮变亮，文本显示区显示发射图像重建时间为 3.3828s，如图 6.17 所示。

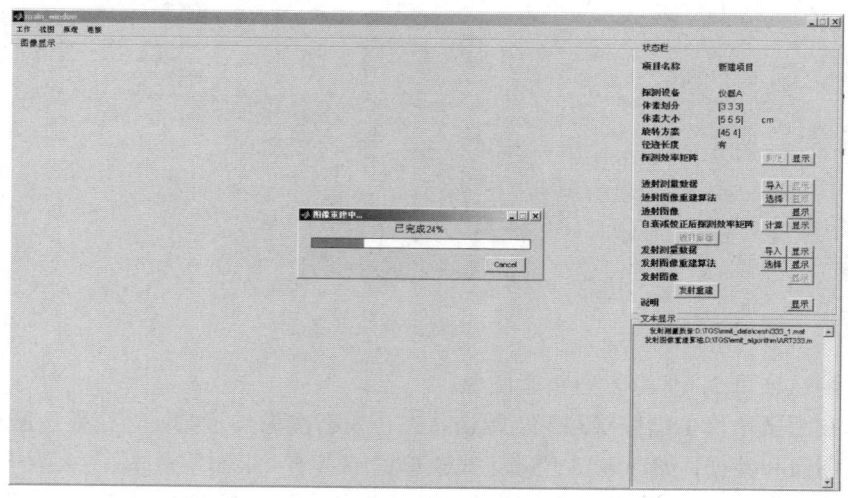

图 6.16　发射图像重建进度界面

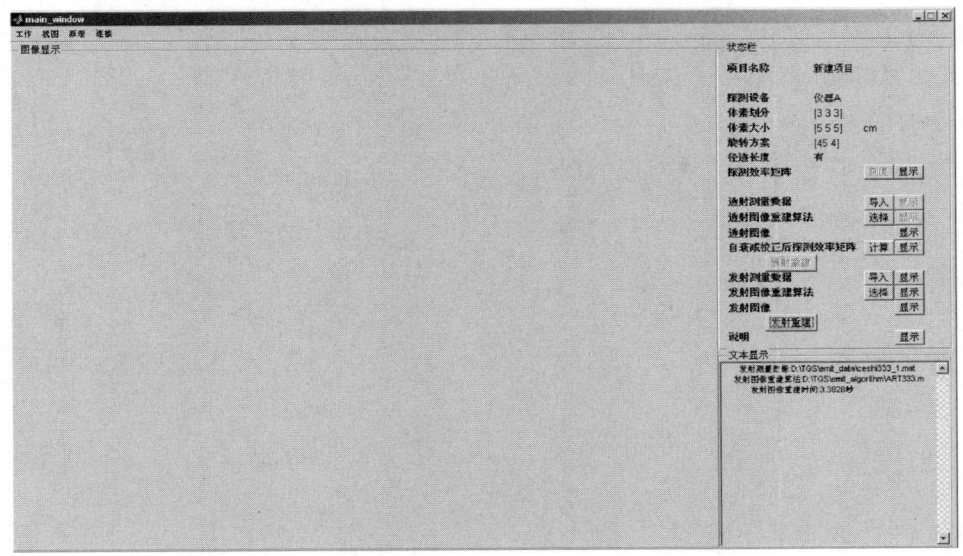

图 6.17　发射图像重建结果界面

3）实例测试

下面以一个实例对软件进行实例测试。

（1）在 MATLAB 中打开并运行软件源文件 "main_window.m"，系统显示软件主界面。

（2）在项目名称后面的文本框里输入 "实例测试 1"。

（3）在菜单栏中 "工作"→"导入…"→"测量系统参数"，选择 "示例 666.mat"。此时，状态栏的探测设备、体素划分、体素大小、旋转方案等显示相应参数；径迹长度项显示 "有"，探测效率矩阵的 "显示" 按钮变亮，点击后文本显示区显示探测效率矩阵。

（4）在菜单栏中 "工作"→"打开…"→"透射图像"，选择 "ceshi666_1.mat"。此时，透射图像 "显示" 按钮变亮，点击后图像显示区显示透射图像。

（5）单击状态栏中的 "计算"。

（6）单击状态栏中发射测量数据 "导入" 按钮，选择 "ceshi666_137.mat"。

（7）单击状态栏中发射图像重建算法 "选择" 按钮，选择 "ART666.m"。

（8）单击状态栏中的 "发射重建" 按钮。

重建完成后的界面如图 6.18 所示。单击发射图像 "显示" 按钮可看到重建结果，如图 6.19 所示。

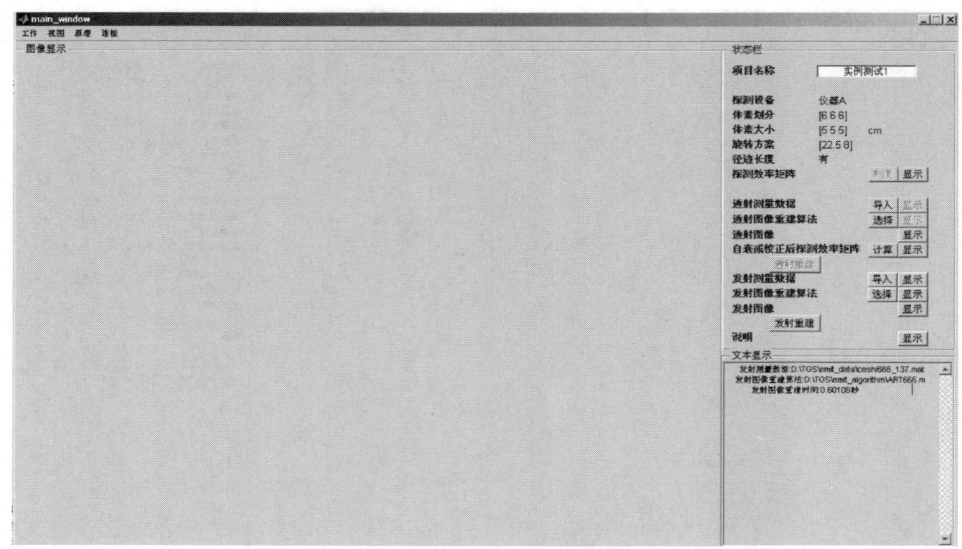

图 6.18　发射图像重建界面

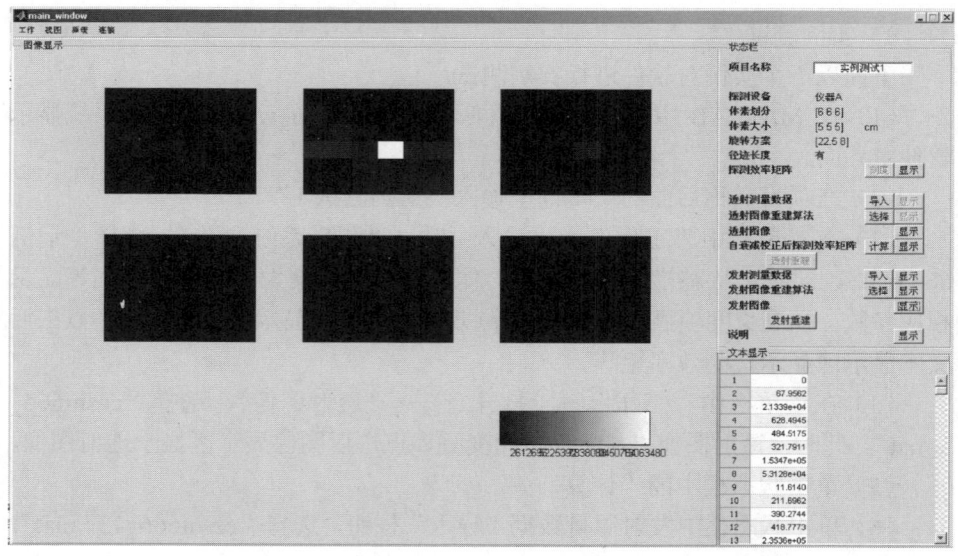

图 6.19　发射图像重建结果界面

本软件还在其他不同类型的计算机硬件平台和系统软件平台上进行了测试，测试结果表明系统能够适应当前主流软硬件环境。

6.4 实验验证算法

实验中样品布置由上到下，第一层为空气、第二层如图6.20所示、第三层为聚乙烯、第四层为木头、第五层为木头、第六层为木头。图6.20中，放射源为^{137}Cs，标称活度为$1.5×10^7$Bq。放射源固定在聚乙烯小方块中心处，放在第4行第4列（第58号体素）处。

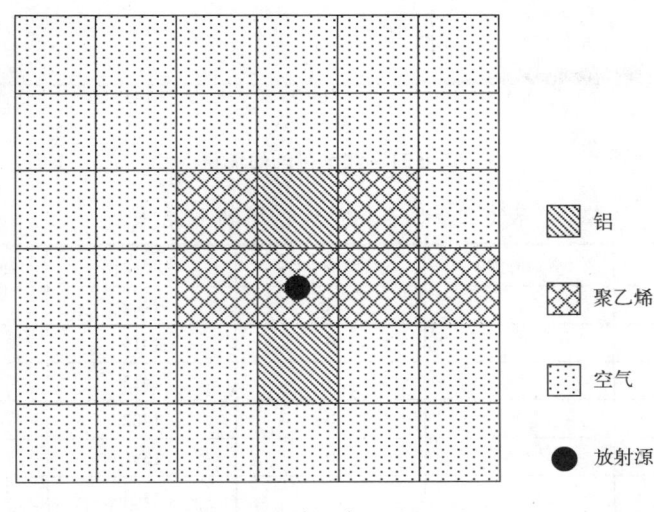

图6.20 样品第二层布置图

1. 实验步骤

样品平台水平移动6次，每次平移5cm，每平移1次后进行8次旋转，每次旋转都进行1次测量，一层测量完毕后样品平台上升5cm进行下一层扫描测量。为使测量数据的统计误差均好于3%，每一次测量时间由两个阈值决定，当全能峰计数达到1500或测量时间到达100s后进行下一次测量。

每一次测量后会得到一个能谱，图6.21所示为探测器位置是4、样品旋转22.5°时测得的能谱。用Gamma Vision软件对能谱进行解析，得到测量时间、死时间率、净峰面积，然后计算得到^{137}Cs源的661.61keV特征峰的净计数率。表6.2所列为部分测量能谱解析后结果，表中净计数率就是测量值D_i。

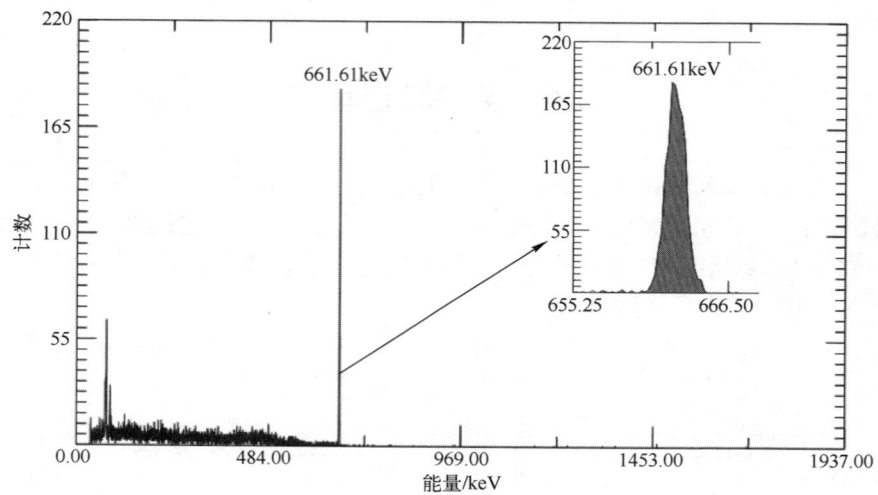

图 6.21 测量得到的能谱

表 6.2 部分测量能谱解析后结果

编号	测量时间/s	死时间率/%	净峰面积	净计数率/(个/s)
D_4	2	50	1402	1402
D_{10}	1	0	1419	1419
D_{16}	2	50	1413	1413
D_{20}	2	0	1402	701
D_{26}	2	0	1391	696
D_{32}	2	0	1403	702
D_{38}	2	0	1396	698
D_{44}	2	0	1397	699

注：编号 D_{**} 为探测器的第 ** 次测量。

2. 重建结果分析

根据上述实验步骤，可以测量得到所有（288 个）的测量值 D_i。由于只是进行发射测量，而样品介质的分布是已知的（图 6.20），所以可以通过已知的介质的分布来得到线衰减系数 μ_k。表 6.3 为第二层介质的线衰减系数。

表 6.3 第二层介质的线衰减系数 （单位：cm^{-1}）

	第 1 列	第 2 列	第 3 列	第 4 列	第 5 列	第 6 列
第 1 行	0.0001	0.0001	0.0001	0.0001	0.0001	0.0001
第 2 行	0.0001	0.0001	0.0001	0.0001	0.0001	0.0001
第 3 行	0.0001	0.0001	0.0860	0.2010	0.0860	0.0001

续表

	第1列	第2列	第3列	第4列	第5列	第6列
第4行	0.0001	0.0001	0.0860	0.0860	0.0860	0.0860
第5行	0.0001	0.0001	0.0001	0.201	0.0001	0.0001
第6行	0.0001	0.0001	0.0001	0.0001	0.0001	0.0001

具体的发射图像重建过程分为以下几步骤。

（1）TGS 扫描测量得到每个位置的 γ 射线计数率 D_i。

（2）利用第 3 章介绍的无源刻录方法，计算出在所有平移位置、所有旋转角度，探测器对每个体素的探测效率 E_{ij}。

（3）应用 Cyrus-Beck 裁剪算法计算径迹长度 T_{ijk} 的值。

（4）利用计算得到的径迹长度 T_{ijk} 及已知的衰减系数 μ_k，根据式（2-1-16）可计算出 A_{ij}。

（5）用式（2-1-15）计算出衰减校正效率矩阵元 F_{ij}。

（6）将 S_j 作为未知量，即需要重建的图像，分别使用加型 ART 算法、ML-EM 算法和 Log 熵迭代算法求式（2-1-14），重建各体素的放射性强度。

表 6.4 列出了 58 号体素临近体素的重建结果，从表中数据可以看出，采用 ML-EM 算法和 Log 熵迭代算法对 58 号体素重建结果较好，相对误差在 5%以内，准确度很高。加型 ART 算法相对误差在 10%以上，说明实验测量中采用加型 ART 算法无法达到准确重建发射图像的效果，与计算机模拟计算时加入噪声分析结论一致。

表 6.4 第二层体素重建结果

体素号	S_j标准值/Bq	加型 ART 算法		ML-EM 算法		Log 算法	
		重建值/Bq	相对误差/%	重建值/Bq	相对误差/%	重建值/Bq	相对误差/%
51	0	251596	—	13054	—	5957	—
52	0	33203	—	102925	—	436790	—
53	0	0	—	65087	—	90118	—
57	0	610507	—	0	—	126765	—
58	**1.5×10^7**	**13324753**	**−11.3**	**15709486**	**4.7**	**15665675**	**4.4**
59	0	652340	—	1847344	—	1257645	—
63	0	475298	—	0	—	23476	—
64	0	300037	—	258113	—	307238	—
65	0	469358	—	268934	—	140562	—

图 6.22 为加型 ART 算法、ML-EM 算法和 Log 熵迭代算法重建活度分布

图像与原始活度分布图像的对比图,图中体素的数值为该体素中活度占总活度的百分比。通过对比可以发现加型 ART 算法、ML-EM 算法和 Log 熵迭代算法都能够准确定位放射源的位置。加型 ART 算法在多个体素出现较强活度与原始活度图像不一致,ML-EM 算法和 Log 熵迭代算法相对较好,只在临近的个别体素有弥散现象,其中以 Log 熵迭代算法重建结果与原始活度图像最相近。

实验重建结果与第 4 章计算机模拟计算的结论是一致的,即为快速准确重建发射图像,ML-EM 算法为最佳选择,当介质结块现象严重时,Log 熵迭代算法可以作为参考。由于实验的介质存在结块现象,所以此时耗时相对较长的 Log 熵迭代算法反而优于 ML-EM 算法,更好地验证了计算机模拟计算结论的正确性和发射图像重建方法的有效性。

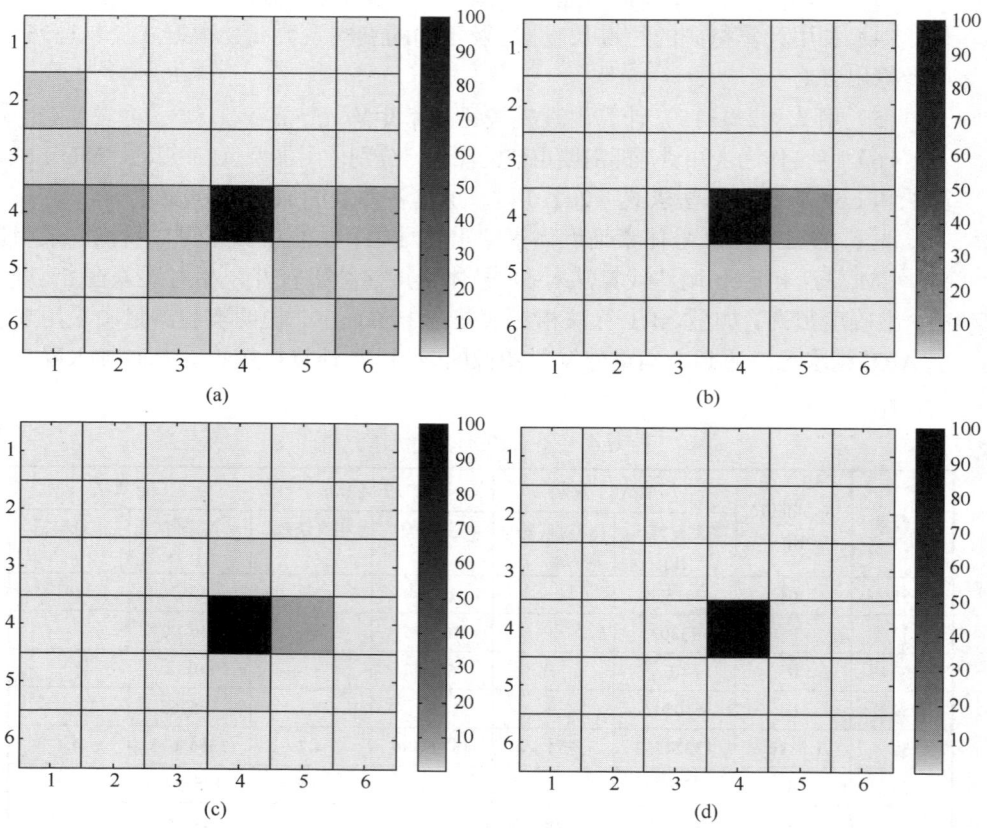

图 6.22 重建活度分布图像对比

(a)加型 ART 重建活度分布图像;(b)EM-ML 重建活度分布图像;
(c)Log 重建活度分布图像;(d)原始活度分布图像。

上述发射图像重建的实验结果表明：在中低密度介质的情况下，如果测量数据的统计误差均好于 3%，采用 ML-EM 算法和 Log 熵迭代算法进行发射图像重建时，活度重建值与标称值之间的相对偏差好于 5%；从重建的活度分布图像可以看出，放射源临近的体素周围存在弥散现象，但放射源所在体素的活度重建值占总活度的百分比大于 95%，说明 ML-EM 算法和 Log 熵迭代算法能够准确定位放射源的位置。发射测量图像重建的误差主要由如下原因引起。

（1）TGS 装置的探测效率是采用 MCNPX 软件模拟计算得到，所以抽样粒子数的多少决定了探测效率刻度的误差范围。由于需要进行 669 次刻度，所以抽样粒子数太大会带来庞大的计算量。选取适当抽样粒子数后，大部分体素探测效率的统计误差都满足了要求，但是对探测效率较低的体素，统计误差非常大，从而产生了发射测量图像重建的误差。同时，由于它们探测效率较低，对测量值的贡献较小，所以对总活度的计算结果影响不大，误差处于可接受的范围。

（2）在介质吸收衰减因子 A_{ij} 的计算中，将体素和探测器都视为一个点，目的是快速得到衰减校正效率矩阵元 F_{ij}。但是它只是一个简化的理想模型，与实际测量装置和物理模型存在差异，如实际中体素内的核材料和探测器都有一定的尺寸，在体素内不同位置发出的 γ 射线到探测器晶体不同位置所经过体素的径迹长度 T_{ijk} 不一样。所以这是造成发射测量图像重建误差的重要因素。

（3）样品定位不准会使得实际测量中的衰减校正效率矩阵元 F_{ij} 与理论计算值出现偏差，如样品的介质是人为布局的，摆放过程中会存在细微的偏差，而模拟计算的模型是理想化的没有偏差，所以实际测量样品与模拟计算的模型存在差异，而衰减校正效率矩阵元 F_{ij} 正是由模拟计算模型得到的，所以最终会产生与实际测量样品不一致的结果。同样，当扫描测量时，步进电机平移、旋转和升降的定位不准也会带来类似的偏差，从而产生发射测量图像重建的误差。

（4）用 Gamma Vision 解谱带来的误差，如选择不同的刻度文件，测量时，由于温度和湿度的变化导致峰位的漂移等，同样会导致发射图像重建产生误差。

参 考 文 献

[1] ESTEP R. Assay of Heterogeneous Radioactive Waste by Low-Resolution Tomographic Gamma Scanning[J]. ANS Transactions, 1990(62): 178-181.

[2] SIMMONDS S, SPRINKLE J, HSUE S, et al. Nondestructive Assay of Plutonium Bearing Scrap and Waste with the Advanced Segmented Gamma-Ray Scanner[J]. Environmental Science, Physics, Materials Science, 1990: 421-425.

[3] KAWASAKI S, KONDO M, IZUMI S, et al. Radioactivity Measurement of Drum Package Waste by a Computed Tomography Technique[J]. Applied Radiation and Isotopes, 1990(10): 983-987.

[4] GREEN P. On the Use of the EM Algorithm for Penalized Likelihood Estimation[J]. Journal of the Royal Statistical Society B 52, 1990(3): 443-452.

[5] ESTEP R, SHERWOOD K. A Prototype Tomgraphic Scanner for Assaying 208L Drumsr[R]. Los Alamos National Laboratory Document. LA-UR-91-61, 1991.

[6] ESTEP R, PRETTYMAN T, SHEPPARD G. Tomographic Gamma Scanning (TGS) to measure Inhomogeneous Nuclear Material Matrices from Future Fuel Cycles[R]. Los Alamos National Laboratory Document. LA-UR-93-1637, 1993.

[7] ESTEP R. TGS-FIT: Image Reconstruction Software for Quantitative, Low-Resolution Tomographic Assays[R]. Los Alamos National Laboratory Document. LA-12497-MS, 1993.

[8] PRETTYMAN T, SPRINKLE J, Sheppard G. A Weighted Least-Squares Lump Correction Algorithm for Transmission-Corrected Gamma-Ray Nondestructive Assay[R]. Los Alamos National Laboratory Document. LA-UR-93-2632, 1993.

[9] ESTEP R, PRETTYMAN T, Sheppard G. Tomographic Gamma Scanning to Assay Heterogeneous Radioactive Waste[J]. Nuclear Science and Engineering, 1994(118): 145-152.

[10] ESTEP R, CAVENDER J. The WIN_TGS Software Package for Tomographic Gamma Scanning System[R]. Los Alamos National Laboratory Advanced Nuclear Technology. NIS-6. La-UR-94-2386, 1994.

[11] ESTEP R. A Preliminary Design Study for Improving Performance in Tomographic Assays[R]. Los Alamos National Laboratory Document. LA-12727-MS, 1994.

[12] WANG F, MARTZ H, ROBERSON G, et al. Three Dimensional Imaging of a Molten-Salt-Extracted Plutonium Button Using Both Active and Passive Gamma-Ray Computed Tomography[J]. Nuclear Instrument and Methods in Physics Research Section A, 1994(353): 672-677.

[13] PRETTYMAN T, COLE R, ESTEP R, et al. A Maximum-likelihood Reconstruction Algorithm for Tomographic Gamma-Ray Nondestructive Assay[J]. Nuclear Instruments and Methods in Physics Research Section A, 1995(356): 470-475.

[14] PRETTYMAN T H, FOSTER L A, ESTEP R J. Detection and Measurement of Gamma-Ray Self-attenuation in Plutonium Residues[R]. Los Alamos National Laboratory Document. LA-UR-96-2620, 1996.

[15] ESTEP R J, PRETTYMAN T H, SHEPPARD G A. Comparison of Attenuation Correction Methods for TGS and SGS: Do We Really Need Selenium-75[R]. Los Alamos National Laboratory Document. LA-UR-96-2575, 1996.

[16] MERCER D J, PRETTYMAN T H, ABNOLD M E, et al. Experimental Validation of Tomographic Gamma Scanning for Small Quantities of Special Nuclear Material[R]. Los Alamos National Laboratory Document. LA-UR-97-2804, 1997.

[17] PRETTYMAN T, MERCER D. Performance of Analytical Methods for Tomographic Gamma Scanning[R]. Los Alamos National Laboratory Document. LA-UR-97-1168, 1997.

[18] ESTEP R, MIKO D, MELTON S. Monte Carlo Error Estimation Applied to Nondestructive Assay Methods MC Error Estimation Applied to Nondestructive Assay Methods[R]. Los Alamos National Laboratory. LA-UR-2164, 2000.

[19] ESTEP R. Integration of TGS and CTEN Assays Using the CTEN_FIT Analysis and Databasing Program[R]. Los Alamos National Laboratory. LA-UR-00-2162, 2000.

[20] CAMP D, MARTZ H, ROBERSON G, et al. Nondestructive Waste-drum Assay for Transuranic Content by Gamma-Ray Active and Passive Computed Tomography[J]. Nuclear Instruments and Methods in Physics Research Section A, 2000(1): 69-83.

[21] MARTIN E, JONES D, PARKER J. Gamma Ray Measurements with the Segmented Gamma Scan[R]. Los Alamos Scientific Laboratory. LA-7059-M, 1977.

[22] RODENAS J, MARTINAVARRO A, RIUS V. Validation of the MCNP Code for the Simulation of Ge-detector Calibration[J]. Nuclear Instruments and Methods in Physics Research Section A, 2000(450): 88-97.

[23] EWA I, BODIZS D, CZIFRUS S, et al. Monte Carlo Determination of Full Energy Peak Efficiency for a HPGe Detector[J]. Applied Radiation and Isotopes, 2001(55): 103-108.

[24] SELCOW E, DOBRZENIECKI A, YANCH J, et al. An Evaluation of the MC Simulation of

SPECT Projection Data Using MCNP and SimSPECT[C]. ICONE 4: ASME/JSME International Conference on Nuclear Engineering. BNL-62803,1996.

[25] MA X F, FUKUHARA M, TAKEDA T. Neural Network CT Image Rreconstruction Method for Small Amount of Projection Data[J]. Nuclear Instrument and Methods in Physics Research A, 2000(449): 366-377.

[26] SPRINKLE J, HSUE S. Recent Advances in SGS Analysis[R]. Los Alamos Scientific Laboratory. LA-UR-87-3954, 1987.

[27] 裴鹿成, 张孝泽. 蒙特卡罗方法及其在粒子输运问题中的应用[M]. 北京:科学出版社, 1986.

[28] 许淑艳. 蒙特卡罗方法在实验核物理中的应用[M]. 北京:原子能出版社, 1996.

[29] 赫尔曼. 由投影重建图像－CT 的理论基础[M]. 严洪范, 译. 北京:科学出版社, 1985.

[30] 庄天戈. CT 原理与算法[M]. 上海:上海交通大学出版社, 1992.

[31] 王本, 王革. 锥束 CT 图像重建算法[J]. CT 理论与应用研究, 2001(2): 1-8.

[32] 周志波. 桶装核废物快速检测方法研究[D]. 北京:中国原子能科学研究院, 2007.

[33] 白云飞. 中低放射性废物危险元素探测方法研究[D]. 上海:上海交通大学, 2010.

[34] 邓景珊, 春山满夫, 高漱操, 等. 透射式 CT 与自射线式 CT 检测核废物桶蒙特卡罗模拟[J]. 原子能科学技术, 2001, 35(6): 551-555.

[35] 翁文庆, 王德忠, 张勇, 等. 用多个能量探测方法校正层析 γ 扫描透射图像重建中射线线衰减系数[J]. 辐射防护, 2008, 28(1): 24-28.

[36] 钱楠, 顾卫国, 王川, 等. 双探测位置分段 γ 扫描系统研究[J]. 原子能科学技术, 2015, 49(1): 147-153.

[37] 刘诚. 中低放射性废物改进型 γ 扫描技术及活度重建算法研究[D]. 上海:上海交通大学, 2013.

[38] 阳刚, 庹先国, 程智. 桶装核废物层析 γ 扫描技术研究[J]. 核电子学与探测技术, 2015, 35(1): 26-30,35.

[39] 张金钊. 核废物桶层析 γ 扫描关键技术研究[D]. 成都:成都理工大学, 2014.

[40] 苏容波. SGS 技术在核设施退役桶装废物测量中的简化和应用[D]. 兰州:兰州大学, 2016.

[41] GEURKOV.G, ATRASHKEVICH.V, BOSKO A, et al. Probabilistic ISOCS Uncertainty Estimator: Application to the Segmented Gamma Scanner[C]//Nuclear Science Symposium Conference Record. IEEE, 2006: 1084-1086.

[42] SPRINKLE J, BOSLER G, HSUE S, et al. Nondestructive Assay of Plutonium-Bearing Scrap and Waste[R]. Los Alamos National Laboratory. LA-UR-89-2373,1989.

[43] EWA I, BODIZES D, CZIFRUS S, et al. Monte Carlo Determination of Full Energy Peak Effciency for a HPGe Detector[J]. Applied Radiation and Isotopes, 2001(55):103-108.

[44] 付杰，徐翠华. 无源效率刻度技术研究进展及应用概况[J]. 核电子学与探测技术，2007(4): 799-804.

[45] 李奇，王世联，樊元庆，等. 无源效率刻度在活度测量中的应用研究[J]. 核电子学与探测技术，2013, 33(5): 568-571.

[46] 钱楠，王德忠，白云飞，等. HPGe 探测器死层厚度及点源效率函数研究[J]. 核技术，2010, 33(1): 25-30.

[47] 华艳，朱祚缤，刘艺琴，等. 高纯锗探测器的效率刻度[J]. 核电子学与探测技术，2014, 34(1): 86-88,116.

[48] 程毅梅，刘大鸣，何丽霞，等. 用于放射性废物测量的新型分段 γ 扫描算法研究[J]. 原子能科学技术，2016, 50(1): 164-170.

[49] 杨明太，张连平. 桶装核废物的非破坏性分析[J]. 核电子学与探测技术，2003, 23(6): 600-603.

[50] THANH T, TRANG H, CHUONG H, et al. A Prototype of Radioactive Waste Drum Monitor by Non-destructive Assays Using Gamma Spectrometry[J]. Applied Radiation and Isotopes, 2016(109): 544-546.

[51] 牟婉君，李梅，蹇源. 应用蒙特卡罗方法表征 HPGe 探测器[J]. 原子能科学技术，2011, 45(10): 1266-1269.

[52] 郜强，王仲奇，王奕博，等. 分层 γ 扫描层间串扰影响的研究[J]. 原子能科学技术，2011, 45(2): 211-216.

[53] 郜强，步立新. SGS 准直器优化设计研究[J]. 石化技术，2016, 23(4): 13-15.

[54] 何丽霞，王仲奇. SGS 测量系统计算模型的建立[J]. 中国原子能科学研究院年报，2010(1): 309.

[55] 和青芳. 计算机图形学原理及算法教程（Visual C++版）[M]. 北京:清华大学出版社，2006.